Dawid Lupa
Magdalena Oćwieja

Oksydacyjne roztwarzanie nanocząstek srebra

AF881791

Dawid Lupa
Magdalena Oćwieja

Oksydacyjne roztwarzanie nanocząstek srebra

Wpływ właściwości powierzchniowych na przebieg procesu

Wydawnictwo Bezkresy Wiedzy

Impressum / Imprint
Bibliografische Information der Deutschen Nationalbibliothek: Die Deutsche Nationalbibliothek verzeichnet diese Publikation in der Deutschen Nationalbibliografie; detaillierte bibliografische Daten sind im Internet über http://dnb.d-nb.de abrufbar.
Alle in diesem Buch genannten Marken und Produktnamen unterliegen warenzeichen-, marken- oder patentrechtlichem Schutz bzw. sind Warenzeichen oder eingetragene Warenzeichen der jeweiligen Inhaber. Die Wiedergabe von Marken, Produktnamen, Gebrauchsnamen, Handelsnamen, Warenbezeichnungen u.s.w. in diesem Werk berechtigt auch ohne besondere Kennzeichnung nicht zu der Annahme, dass solche Namen im Sinne der Warenzeichen- und Markenschutzgesetzgebung als frei zu betrachten wären und daher von jedermann benutzt werden dürften.

Informacja bibliograficzna Niemieckiej Biblioteki Narodowej: Niemiecka Biblioteka Narodowa rejestruje tę publikację w Niemieckiej Bibliografii Narodowej; szczegółowe informacje bibliograficzne dostępne są w Internecie na stronie http://dnb.d-nb.de.
Wszelkie nazwy znaków firmowych i nazwy produktów wymienione w niniejszej publikacji podlegają prawu ochrony własności przemysłowej i stanowią znaki towarowe lub zarejestrowane znaki towarowe należące do ich właścicieli. Przez fakt użycia nazw znaków firmowych, nazw produktów, nazw zwyczajowych, nazw handlowych, opisów produktów itp., nawet bez dokładnego ich oznaczenia, nie należy rozumieć, że nazwy te nie są objęte prawem ochrony własności przemysłowej i że mogą być wykorzystywane bez ograniczeń.

Coverbild / Okładka: www.ingimage.com

Verlag / Wydawnictwo:
Wydawnictwo Bezkresy Wiedzy
ist ein Imprint der / jest znakiem handlowym
OmniScriptum GmbH & Co. KG
Bahnhofstraße 28, 66111 Saarbrücken, Deutschland / Niemcy
Email: info@omniscriptum.com

Herstellung: siehe letzte Seite /
Druk: patrz ostatnia strona
ISBN: 978-3-639-89081-5

Copyright © 2016 OmniScriptum GmbH & Co. KG
Alle Rechte vorbehalten. / Wszystkie prawa zastrzeżone. Saarbrücken 2016

Spis treści

1. Przegląd literaturowy

1.1. Nanotechnologia

Nanotechnologia jest interdyscyplinarną, dynamicznie rozwijającą się dziedziną wiedzy, którą należy rozumieć jako połączenie fizyki, chemii, biologii, informatyki i inżynierii materiałowej [1]. Jej obszarem badawczym jest projektowanie, otrzymywanie oraz zastosowanie nanomateriałów definiowanych jako struktury, dla których przynajmniej jeden z wymiarów liniowych zawiera się w przedziale 1-100 nm [2]. Cechy użytkowe otrzymanych nanostruktur zależą w dużej mierze od ich rozmiarów, dzięki czemu możliwe jest projektowanie materiałów o żądanych właściwościach.

Osiągnięcia nanotechnologii przyczyniają się do rozwoju innych nauk. Przykładowo, w energetyce zastosowanie nanomateriałów do wychwytu fotonów w ogniwach fotowoltaicznych pozwala w znaczący sposób poprawić sprawność tego typu urządzeń. W elektronice głównym nurtem jej zastosowania jest wytwarzanie układów scalonych typu CMOS (ang. *Complementary Metal Oxide Semiconductor*) oraz tranzystorów krzemowych. W medycynie, nanorurki złota stają się obiecującym narzędziem w walce z nowotworami [3].

Nanotechnologia obejmuje wiele obszarów badawczych, wśród których należy wymienić m. in. nanostruktury, nanomedycynę, nanooptykę oraz nanoanalitykę i nanometrologię. Obecnie uważa się, nanotechnologia jest kluczowym czynnikiem wzrostu konkurencyjności gospodarki międzynarodowej i z tego względu należy obecnie do najintensywniej rozwijanych dziedzin wiedzy [1]. Świadczy o tym wzrost rocznej liczby ukazujących się publikacji [4]. Fakt ten wynika przede wszystkim z licznych możliwości aplikacyjnych nanomateriałów w tym nanocząstek metali wśród których, ze względu na swoje unikalne właściwości na szczególną uwagę zasługują nanocząstki srebra.

1.2. Nanocząstki srebra

1.2.1. Ogólna charakterystyka

Nanocząstki srebra (ang. *silver nanoparticles* – AgNP) są jednym z najczęściej produkowanych nanomateriałów, przy czym wielkość światowej produkcji szacuje się na 320 ton rocznie (2011) [5]. Nanocząstki srebra otrzymywane są w rozmaitych formach geometrycznych: cząstki kuliste, pryzmatyczne, nanorurki, nanodruty itp. Właściwości fizykochemiczne nanocząstek srebra silnie zależą zarówno od ich kształtu jak i rozmiaru. Powierzchnia właściwa nanocząstek (stosunek powierzchni do objętości) silnie uzależniona jest od ich wymiarów. Wraz ze spadkiem średnicy nanocząstek powierzchnia właściwa rośnie, a jednocześnie obserwuje się znaczny wzrost reaktywności nanomateriału. Ze względu na unikalne, znacznie różniące się od materiału litego, właściwości nanocząstek srebra nieustannie poszukuje się nowych kierunków ich zastosowania. Do tej pory, znalazły one zastosowanie między innymi w elektronice, katalizie i analityce chemicznej. Ze względu na wysoką aktywność biobójczą wobec bakterii, wirusów i grzybów znalazły zastosowanie w biologii, kosmetyce i przemyśle opakowaniowym. Mając na uwadze rosnące zainteresowanie nanocząstkami srebra metodyka ich syntezy oraz charakterystyki, zagadnienia dotyczące stabilności i toksyczności stały się przedmiotami wielu badań. Co więcej, można się spodziewać, że w przyszłości zainteresowanie nanocząstkami srebra będzie nieustannie wzrastać.

1.2.2. Wybrane metody syntezy

Wybór odpowiedniej metody otrzymywania nanocząstek wpływa nie tylko na wydajność samego procesu, ale także finalny koszt otrzymanego materiału. Jednym z kryteriów klasyfikujących poszczególne metody otrzymywania nanomateriałów jest sposób osiągnięcia nanometrycznego rozmiaru cząstki. W odniesieniu do ww. kryterium, wyróżnia się dwa główne podejścia: przez zmniejszenie rozmiaru (ang. *top-down*) oraz przez jego zwiększenie (ang. *bottom-up*). Metody syntezy obejmujące podejście *top-down* inaczej dyspersyjne zostały obecnie w większości wyparte przez łatwiejsze w realizacji procesy *bottom-up*, obejmujące tworzenie się nanostruktur na drodze łączenia się atomów lub cząsteczek w większe skupiska. Inne kryterium dzieli metody syntezy nanocząstek srebra na chemiczne, biologiczne i chemiczne, wśród których najpowszechniej stosowaną jest metoda redukcji chemicznej. W tej grupie metod, ze względu na ekologiczność reduktora na szczególną uwagę zasługuje synteza z zastosowaniem ekstraktów roślinnych. W literaturze opisano preparatykę nanocząstek srebra przy użyciu m. in. zawierającego aldehydy ekstraktu ze skórki pomarańczy [6], czy też ekstraktu z zielonych alg (zawiera znaczną ilość białek) [7]. W doniesieniach literaturowych przedstawiono również obejmujące zastosowanie mikroorganizmów metody biologiczne. Klasyfikacji tego rodzaju syntez nanocząstek srebra dokonuje się stosując jako kryterium podziału systematykę organizmów. Wyróżnia się zatem metody obejmujące zastosowanie bakterii (np. *Bacillus subtilis*) lub grzybów (np. *Aspergillus flavus*) [8].

Do najczęściej stosowanych metod fizycznych należą ablacja laserowa i synteza w łuku elektrycznym, które zostaną opisane w kolejnych rozdziałach niniejszej pracy.

1.2.2.1. Ablacja laserowa

Podczas ekspozycji powierzchni metalicznej na wiązkę lasera następuje absorpcja energii kwantów promieniowania. Wskutek pochłonięcia znacznej ilości energii promienistej i przekształcenie jej na energię cieplną następuje stopienie i odparowanie (lub od razu sublimacja) części materiału metalicznego. Powstała w ten sposób chmura atomów unosi się w pobliżu powierzchni metalu. Atomy, które uległy sublimacji tworzą większe skupiska (aglomeraty). O sprawności procesu ablacji i właściwościach otrzymanego nanomateriału (rozmiar i kształt cząstek) decydują parametry prowadzenia procesu oraz medium, w którym jest on prowadzony. Najbardziej istotny wpływ wywierają: długość fali wiązki laserowej, fluencja lasera (energia impulsu przypadająca na jednostkę powierzchni), czas trwania wiązki – wybór reżimu: femto-, piko,- nano,- a także mikrosekundowy oraz częstotliwość bombardowania powierzchni metalicznej wiązką lasera. Znaczny wpływ na rozmiar otrzymanych cząstek wywiera rodzaj oraz stężenie stabilizatora [9], a także wybór medium dyspersyjnego [10]. Badania mające na celu wyjaśnienie wpływu długości fali stosowanego lasera na rozmiar otrzymywanych nanocząstek srebra zostały przeprowadzone przez Tsuji i współpracowników [11]. Wykazali oni, że wraz ze zwiększaniem długości fali padającej wiązki laserowej średnica otrzymywanych nanocząstek zmniejsza się, co może być tłumaczone w oparciu o zjawisko fragmentacji już powstałej cząstki, indukowanej przez wzbudzenie promieniami lasera.

Wpływ mocy wiązki lasera na wartość średniego rozmiaru otrzymywanych nanocząstek srebra był przedmiotem zainteresowań grupy badawczej kierowanej przez Hahna [12]. W wyniku przeprowadzonych badań wykazano, że dziesięciokrotne zmniejszenie mocy lasera (z 500 μJ do 50 μJ) powoduje przesunięcie maksimum rozkładu rozmiaru nanocząstek względem ich liczby ze 100 nm do 60 nm. Fakt zmniejszania się rozmiarów cząstek wraz ze spadkiem mocy lasera ablacyjnego został potwierdzony również w innych, niezależnie przeprowadzonych badaniach [13].

Ablacja laserowa mająca na celu otrzymanie suspensji nanocząstek srebra prowadzona jest w cieczy. Jako medium dyspergujące stosuje się wodę, glikol etylenowy, metanol, etanol jak również aceton czy glicerynę. Medium reakcji stanowić mogą także polarne, aprotyczne rozpuszczalniki jak: N,N-dimetyloformamid (DMF) czy dimetylosulfotlenek (DMSO) [10]. Zastosowanie jako medium dyspersyjnego wody prowadzi do otrzymania nanocząstek srebra o wysokiej polidyspersyjności [12].

Podstawową zaletą ablacji laserowej w porównaniu do innych, konwencjonalnych metod syntezy nanocząstek srebra jest możliwość prowadzenia procesu bez udziału innych reagentów, co czyni tę metodę szczególnie przydatną do otrzymywania suspensji o wysokiej czystości [11].

1.2.2.2 Synteza w łuku elektrycznym

Inną, fizyczną metodą otrzymywania nanocząstek srebra jest synteza w łuku elektrycznym. W procesie tym do elektrod wykonanych ze srebra o wysokiej czystości (>99,9%) zanurzonych w cieczy o właściwościach dielektrycznych (najczęściej woda) przykłada się pulsujące napięcie o wartości od kilku do kilkuset woltów. Podczas wyładowania temperatura elektrod wzrasta nawet do 12000 K [14], co powoduje natychmiastowe stopienie i odparowanie atomów metalu. Ze względu na nagły wzrost temperatury w pobliżu elektrod, odparowaniu ulega także ciecz. Powstałe pary cieczy usuwają pary srebra ze strefy wyładowania umożliwiając tym samym ich kondensację przez natychmiastowe schłodzenie [14]. W strefie wyładowania, oprócz nanocząstek powstają również jony srebra. Tworzeniu nanocząstek towarzyszą także inne reakcje uboczne np. elektroliza wody. Powstałe w wyniku elektrolizy formy tlenu (w szczególności tlen atomowy) ulegają adsorpcji na nanocząstkach i są zdolne do reakcji z powierzchniowymi atomami srebra (z wytworzeniem Ag_2O/AgOH). Dodatkowo, podczas wyładowania elektrony z katody „przechodzą" na nanocząstki. Prowadzi to do powstania nanocząstek stabilizowanych ładunkiem ujemnym oraz wiązaniami wodorowymi z cząsteczkami wody. Podczas prowadzenia procesu istotne jest, aby średnica elektrod została odpowiednio zróżnicowana. Wykazano bowiem, że anoda ulega wytrawianiu około 50 razy szybciej od katody [15].

Tanią i efektywną metodę polegającą na redukcji azotanu srebra w łuku elektrycznym zaproponował Ashkarran [16]. Ze względu na wysoką temperaturę topnienia oraz niską reaktywność chemiczną, jako materiał na elektrody został wybrany tytan. Nanocząstki powstałe bezpośrednio w strefie wyładowania elektrycznego charakteryzowały się rozmiarem rzędu 18 nm. Dodatkową zaletą opisywanego sposobu postępowania jest to, że otrzymany układ charakteryzował się niską polidyspersyjnością. Zbadano również wpływ natężenia prądu na przebieg procesu. Okazało się, że przyłożenie natężenia większego niż 15 A skutkowało zwiększeniem stężenia powstałych cząstek. Niestety jednocześnie ze zwiększeniem ilości redukowanego azotanu srebra następował proces trawienia elektrody tytanowej, co skutkowało otrzymaniem cząstek o mniejszej czystości. Sposób otrzymywania nanocząstek srebra metodą wyładowania w łuku elektrycznym przedstawił również Tien [17]. Do srebrnych prętów o średnicy 1 mm zanurzonych w wodzie dejonizowanej przyłożono napięcie 135 V. W wyniku procesu prowadzonego w temperaturze 25°C i pod ciśnieniem atmosferycznym otrzymano układ koloidalny o szerokiej dystrybucji rozmiarów cząstek (50-110 nm).

1.2.2.3. Metoda redukcji chemicznej

Najbardziej powszechną metodą syntezy nanocząstek srebra jest redukcja chemiczna. W procesie tym kationy Ag^+ ulegają redukcji do metalicznego srebra (I):

$$Ag^+ + e^- \rightarrow Ag^0 \qquad (I)$$

Standardowy potencjał tej reakcji wynosi w temperaturze 298 K 0,8V [18]. Można wywnioskować zatem, że w celu zredukowania kationów srebra do metalicznej postaci wystarczy zastosować reduktor o standardowym potencjale niższym niż 0,8 V. W praktyce jednak wartość standardowego potencjału reduktora powinna być niższa niż 0,4 V [19].

Mechanizm procesu redukcji chemicznej zależny jest od warunków jego prowadzenia (np. temperatury) oraz wyboru czynnika redukującego. W początkowym jego stadium jony prekursora ulegają redukcji do nierozpuszczalnych w ośrodku dyspersyjnym atomów metalicznego srebra. Powstałe w ten sposób atomy srebra ulegają agregacji w formy nazywane klasterami (ang. *clusters*) lub embrionami (ang. *embryos*) [20] będących w równowadze dynamicznej z atomami metalu. Embriony, po osiągnięciu rozmiaru krytycznego przekształcają się w zarodki krystalizacji nazywane również jądrami (ang. *nuclei*). Wyróżnia się trzy główne ścieżki powstawania nanocząstek srebra: wzrost przez dyfuzję zredukowanych atomów, przez agregację nanocząstek lub jąder nukleacji oraz wzrost autokatalityczny. Proces przebiegający według wzrostu agregacyjnego prowadzi do cząstek o większych rozmiarach w porównaniu do tych otrzymanych według dwóch pozostałych mechanizmów (tj. wzrostu autokatalitycznego i przez dyfuzję) [20]. Cząstki powstałe w wyniku dyfuzyjnego łączenia atomów charakteryzują się znaczną krystalicznością i regularnym kształtem, natomiast wzrost agregacyjny promuje powstawanie cząstek polidyspersyjnych. Proces zachodzący według mechanizmu autokatalitycznego preferowany jest w przypadku stosowania słabszych reduktorów (np. cytrynian trisodu). Stosowanie reduktorów silnych jak $NaBH_4$, prowadzi do stosunkowo szybkiego powstania dużej ilości jąder (zarodków) nukleacji i powstania nanocząstek o mniejszych rozmiarach (Rys 1.)

Proces redukcji chemicznej może być prowadzony za pomocą rozmaitych reduktorów, zarówno organicznych jak i nieorganicznych. Do znanych reduktorów nieorganicznych stosowanych w procesie redukcji chemicznej należą: borowodorek sodu, hydroksyloamina, hydrazyna [21]. Chemia organiczna oferuje znacznie szersze spektrum reagentów o właściwościach redukcyjnych, wśród których znajdują się m. in.: cytrynian sodu, kwas askorbinowy i jego sól sodowa, etanol, formalina, poliole (np. glikol etylenowy), cukry redukujące (glukoza, maltoza), taniny i kwas taninowy [21].

Najczęściej, jako prekursor nanocząstek stosuje się azotan(V) srebra (w 83% przypadków) [21]. Innymi stosowanymi w metodzie redukcji chemicznej solami srebra są (wg popularności stosowania) octan, chloran(VII), tetrafluorobromian, i heksafluoro-fosforan [21].

Dobór odpowiedniego stabilizatora zapewnia stabilność układu koloidalnego jak również pozwala na kontrolowanie rozmiarów powstających cząstek. Mechanizm działania stabilizatorów może polegać na nadaniu przez nie powierzchni cząstki ładunku elektrycznego. Jednoimiennie naładowane cząstki oddziałując na siebie siłą elektrostatyczną odpychają się [22]. Stabilizacja cząstek może następować również poprzez efekty steryczne: ugrupowania zaadsorbowane na powierzchni uniemożliwiają łączenie się cząstek przez utworzenie zawady przestrzennej. Postuluje się również mieszany mechanizm działania obejmujący zarówno nadanie ładunku jak i stworzenie zawady przestrzennej [23]. Jako stabilizatory stosowane są związki powierzchniowo czynne np. dodecylosiarczan sodu (SDS), polimery z różnorodnymi grupami funkcyjnymi zawierającymi wolne pary elektronowe, takimi jak aminowa, tiolowa, karboksylowa etc. Wśród polimerów szczególnie często stosowanym stabilizatorem jest poli(winylopirolidon) PVP. Niektóre ze znanych reduktorów (bądź ich utlenione formy), przykładowo cytrynian sodu, tetrahydroborany czy taniny pełnią jednocześnie funkcję stabilizującą powstałe nanocząstki. Wybór odpowiedniego stabilizatora ma wpływ na reaktywność oraz kształt i wielkość otrzymanych nanocząstek. Stabilizator wpływa również na własności katalityczne otrzymanych nanocząstek srebra. W badaniach dotyczących redukcji niektórych barwników (czerwień bengalska, eozyna, błękit metylenowy) za pomocą $NaBH_4$ w obecności AgNP, grupa badawcza Zhong-Jie wykazała, że zastosowania bromku cetylotrimetylowoamoniowego w miejsce dodecylosiarczanu sodu znacznie polepsza własności katalityczne AgNP [24].

W dalszej części niniejszej pracy przedstawiono metodykę otrzymywania nanocząstek srebra w procesie redukcji chemicznej z zastosowaniem wybranych reduktorów. Wybór ograniczono do metodyki otrzymywania suspensji, które będą stanowić przedmiot badań w części doświadczalnej.

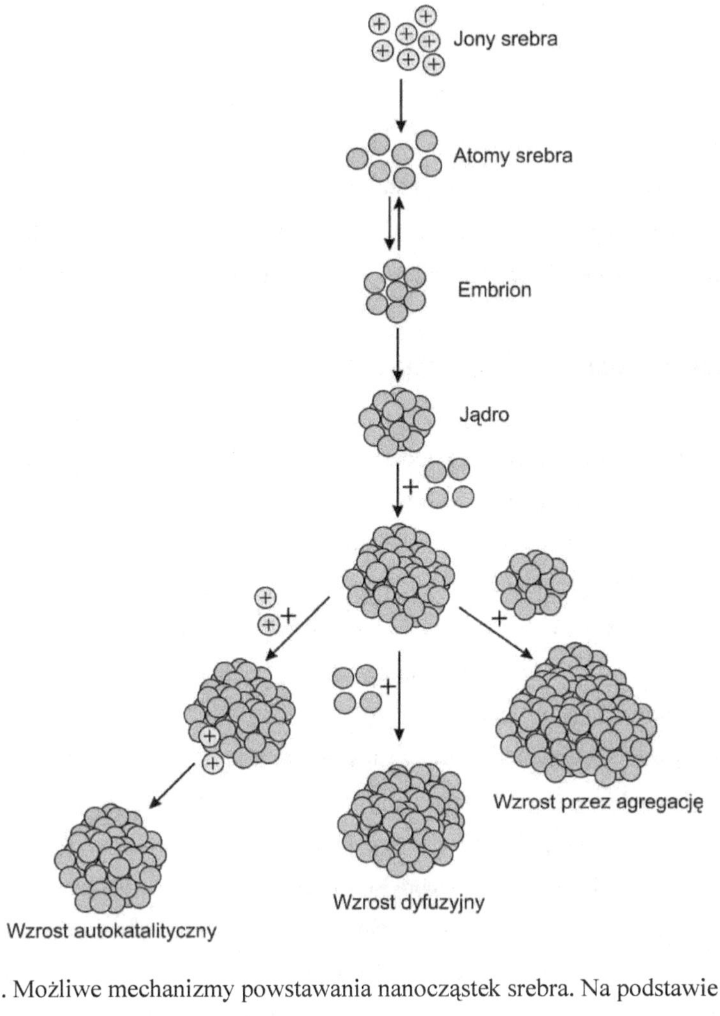

Rys 1. Możliwe mechanizmy powstawania nanocząstek srebra. Na podstawie [20].

1.2.2.3.1. Redukcja borowodorkiem sodu

Jedną z najbardziej popularnych metod syntezy nanosrebra jest redukcja azotanu(V) srebra za pomocą zimnego (temperatura kilku °C), wodnego roztworu $NaBH_4$. Stosowanie dużego nadmiaru jonów BH_4^- względem srebra zapewnia zarówno całkowitą redukcję jonów srebra jak i stabilizację powstałych nanocząstek [25]. Reakcja jonów srebra z borowodorkiem sodu przebiega według następującego równania (II) [26]:

$$2Ag^+ + 2[BH_4]^- + 8H_2O \rightarrow 2Ag^0 + 2B(OH)_4^- + 7H_2 + 2H^+ \qquad \text{(II)}$$

W standardowej procedurze redukcji tetrahydroboranem, w celu uzyskania suspensji nanocząstek srebra, do roztworu zawierającego reduktor dodaje się prekursor. Stężenie prekursora w mieszaninie wynosi 0,250 mM. Proces prowadzi się w temperaturze 5°C. Wskaźnik R będący stosunkiem molowym reduktora do srebra jest zazwyczaj równy 6. Wartość współczynnika R można zmieniać w szerokim zakresie, należy mieć jednak na uwadze fakt, że w przypadku $R<1,4$ następuje praktycznie całkowita agregacja cząstek [26].

Ciekawą metodę syntezy nanocząstek srebra z zastosowaniem borowodorku sodu jako reduktora, prowadzoną w układzie dwufazowym ciecz – ciecz zaproponował Oliveira [27]. Bazując na procedurze podanej przez Brusta [28] dokonał syntezy kilku suspensji srebra w toluenie. Proces był realizowany przez powolne wkraplanie toluenowego roztworu bromku tetraoktyloamoniowego do wodnego roztworu azotanu srebra. Następnie mieszanina została poddana intensywnemu mieszaniu w czasie 10 minut. Po tym czasie dodano dodekanotiol (DT) (w stosunkach molowych względem jonów srebra 1:1 i 2:1), a następnie tak otrzymany układ poddano redukcji wodnym roztworem borowodorku sodu mieszając intensywnie przez 3 godziny. Po separacji fazy organicznej, strąceniu zsyntezowanych nanocząstek srebra za pomocą etanolu w temperaturze -18°C i odmyciu nadmiaru dodekanotiolu otrzymano nanocząstki srebra zdyspergowane w toluenie. Dalsze badania wykazały, że w zależności od stosunku molowego DT/Ag^+ oraz szybkości wkraplania roztworu borowodorku sodu otrzymano układy stabilne przez kilka miesięcy. Średnica cząstek otrzymanych ww. metodą wynosiła 2-4 nm.

Znana jest również metoda otrzymywania pryzmatycznych nanocząstek srebra przez stopniową redukcję azotanu srebra najpierw borowodorkiem sodu, a następnie cytrynianem trisodu. Redukcję borowodorkiem prowadzono na zimno (4°C) w celu otrzymania małych sferycznych nanocząstek srebra. Otrzymane w wyniku takiego postępowania nanocząstki miały kształt pryzmatyczny, a długość boku wahała się w zakresie 80-120 nm [29].

1.2.2.3.2. Redukcja cytrynianem trisodu

Cytrynian trisodu jest zaraz obok $NaBH_4$ najpowszechniej stosowanym reduktorem w procesie otrzymywania nanocząstek srebra [21]. Redukcja kationów srebra za pomocą jonów cytrynianowych zachodzi według równania (III) [30]:

$$2Ag^+ + C_6H_5O_7^{3-} + H^+ \rightarrow 2Ag + 3CO_2 + C_3H_6O \qquad \text{(III)}$$

Reakcję prowadzi się w podwyższonej temperaturze, najczęściej utrzymując układ w stanie wrzenia [31]. W pierwszym etapie cytrynian utleniany jest do β-ketoglutaranu (IV):

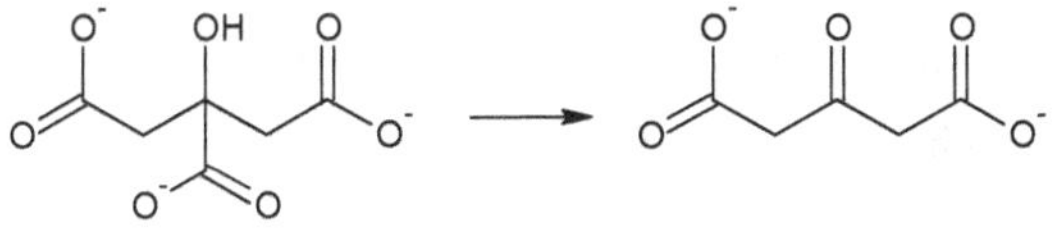

(IV)

W wyższych temperaturach β-ketoglutaran ulega dalszemu utlenieniu. Produktami są wówczas aceton i ditlenek węgla (V) [31]:

(V)

Stężenie cytrynianu wpływa zarówno na szybkość procesu nukleacji jak i redukcji. Synteza nanocząstek srebra obejmująca redukcję cytrynianem została opisana po raz pierwszy w roku 1982 i znana jest jako metoda Lee i Meisela [32].

Typowa procedura redukcji cytrynianem przedstawia się następująco: do wrzącego, intensywnie mieszanego roztworu prekursora, najczęściej azotanu srebra dodaje się kroplami 1% roztwór cytrynianu trisodu. Mieszanie kontynuuje się do momentu nabrania przez roztwór barwy zielono-żółtej [32].

Pietrobon [33] opisał metodę otrzymywania monodyspersyjnych nanorurek srebra o podstawie w kształcie pięciokąta foremnego z zastosowaniem cytrynianu trisodu jako reduktora [33]. W celu zapewnienia wzrostu nanocząstek w odpowiednim kierunku, do gorącego roztworu cytrynianu sodu i poli(N-winylopirolidonu) (PVP) dodano otrzymane wcześniej nanocząstki srebra mające kształt dekahedronu. Następnie do tak otrzymanej mieszaniny, w zależności od pożądanej długości nanorurek dodano prekursor ($AgNO_3$ 0,005M), w jednorazowych porcjach nie przekraczających 5% mol. ilości reduktora. Stosowanie takiego postępowania umożliwiło syntezę nanorurek srebra o stosunku długości do średnicy podstawy zawierającym się w przedziale 4-12. Powtórzenie wspomnianej wyżej procedury pozwoliło na otrzymanie nanorurek o kontrolowanym kształcie i długości nawet 2 μm. Wykazano również, że dodatek niewielkich ilości KOH powoduje nieznaczne zwiększenie wydajności procesu. Niestety, autorzy nie podjęli się próby wytłumaczenia tego faktu.

Aniony cytrynianowe pełnią również funkcję stabilizatora. Wykazano, że anion cytrynianowy wiąże się z powierzchnią cząstki dwiema terminalnymi grupami karboksylowymi, natomiast trzecia skierowana jest na zewnątrz i może koordynować obecne w roztworze jony Ag^+.

1.2.2.3.3. Redukcja hydrazyną

Hydrazyna, w obecności jonów srebra ulega utlenieniu zgodnie z równaniem (VI) [34]:

$$4Ag^+ + N_2H_4 \rightarrow 4Ag^0 + N_2 + 4H^+ \qquad (VI)$$

Biorąc pod uwagę stechiometrię powyższej reakcji, stosunek molowy prekursora do hydrazyny powinien być zawsze niższy niż 4. Ma to na celu zapewnienie całkowitej redukcji jonów srebra.

Procedurę redukcji hydrazyną z zastosowaniem związków powierzchniowo czynnych jako stabilizatorów opisał między innymi Nia [35]. Do roztworu zawierającego azotan srebra oraz środek powierzchniowo czynny – dodecylosiarczan sodu (SDS) dodano hydrazynę, i mieszano do momentu pojawienia się żółtego zabarwienia świadczącego o obecności cząstek srebra. W przypadku użycia alkilobenzenosulfonianu o liniowym łańcuchu alkilowym (LABS) w miejsce SDS, możliwość wzrostu cząstek została znacznie ograniczona, w efekcie czego średni rozmiar wynosił ok. 4,5 nm. Zastosowanie, przy niezmienionych pozostałych warunkach niejonowego środka powierzchniowo czynnego - TWEEN 20 pozwoliło na uzyskanie większych cząstek o średnim rozmiarze 33 nm.

Redukcja jonów diaminasrebra(I) hydrazyną była przedmiotem zainteresowania Szczepanowicza [36]. Rolę substancji stabilizującej cząstki pełnił SDS. Reakcję prowadzono w temperaturze pokojowej. W celu otrzymania zolu, do wodnego roztworu zawierającego prekursor i SDS, w warunkach intensywnego mieszania wkraplano roztwór hydrazyny. Stosunek molowy hydrazyny do jonów diaminasrebra (I) był równy 1:1. Takie postępowanie pozwoliło na otrzymanie cząstek o średnicy 20 nm. Przeprowadzając równolegle analogiczne eksperymenty z zastosowaniem dwóch innych reduktorów (formalina, kwas askorbinowy) nie stwierdzono istotnych różnic w wielkości cząstek. Otrzymana suspensja o stężeniu 160 $mg \cdot dm^{-3}$ była stabilna przez okres jednego roku. Oprócz hydrazyny stosowane mogą być również jej pochodne jak np. *p*-fenylenodiamina [37].

1.2.2.3.4. Redukcja hydroksyloaminą

W przypadku otrzymywania nanocząstek srebra z zastosowaniem chlorowodorku hydroksyloaminy ($NH_2OH \cdot HCl$) jako czynnika redukującego reakcję prowadzi się w obecności znacznych ilości mocnej zasady. Ma to na celu utworzenie wolnej zasady (NH_2OH), która reagując z jonami srebra ulega utlenieniu do azotu (VII):

$$2Ag^+ + 2NH_2OH \rightarrow 2Ag + N_2 + 2H_2O + 2H^+ \qquad \text{(VII)}$$

Wpływ kolejności i szybkości dodawania reagentów na monodyspersyjność i średni rozmiar powstałych nanocząstek przy zachowaniu stałości pozostałych parametrów (temp. reakcji, czas jej prowadzenia, całkowite stężenie azotanu(V) srebra i hydroksyloaminy) był jednym z tematów pracy badawczej Leopolda [38]. Ustalono, że w przypadku stosunku molowego $NH_2OH:AgNO_3$ równego 1,5 układ o największej monodyspersyjności otrzymuje się wówczas, gdy do 90 ml roztworu zawierającego hydroksyloaminę o stężeniu 1.67 mM doda się jednorazowo 10 ml 10 mM roztworu prekursora. W przypadku dodawania roztworu prekursora kroplami nie zaobserwowano większych zmian w rozmiarach nanocząstek. Większy wpływ na rozmiar otrzymywanych nanocząstek wywiera szybkość wkraplania roztworu NH_2OH do roztworu prekursora. Dodanie jednorazowo 10 ml roztworu reduktora (15 mM) do 90 ml roztworu $AgNO_3$ o stężeniu 1,11 mM skutkuje otrzymaniem suspensji bardzo zbliżonej do omówionego wyżej przypadku pierwszego. Natomiast w przypadku, gdy reduktor dodawany jest powoli, powstaje układ koloidalny o większych cząstkach (śr. 67 nm) i większym współczynniku polidyspersyjności. Cząstki otrzymane ww. metodami miały kształt sferyczny [38].

Sanchez-Cortes wraz z współbadaczami przedstawiła sposób prowadzenia syntezy AgNP w kształcie gwiazd (nazwanych przez autorów AgNS - ang. *nano stars*) z zastosowaniem dwustopniowej redukcji chemicznej. W celu otrzymania AgNS do roztworu zawierającego hydroksyloaminę (30 mM) oraz NaOH (25 mM) dodawano kroplami 1mM $AgNO_3$. Całość mieszano intensywnie do momentu pojawienia się brązowego zabarwienia. Po pięciu minutach dodano powoli 1% roztwór cytrynianu sodu i całość mieszano do momentu zmiany zabarwienia na ciemnoszare. Badania przeprowadzone metodami transmisyjnej mikroskopii elektronowej (TEM) i skaningowej mikroskopii elektronowej (SEM) wykazały, że otrzymane cząstki miały kształt siedmio- do dwunastoramiennych gwiazd, przy czym ich średni wymiar zawierał się w przedziale 300-400 nm. Wykazano również, że długość ramion nanogwiazd może być modyfikowana przez zmianę stężeń reagentów [39].

1.2.2.3.5. Redukcja taninami

Taniny to rozpuszczalne w wodzie związki o charakterze polifenoli występujące naturalnie w materiale roślinnym (drewno, kora, skórki owoców, korzenie). Antyoksydacyjne właściwości tanin stwarzają możliwość ich zastosowania w procesie redukcji chemicznej. Co więcej, taniny pełnią jednocześnie rolę stabilizatora powstałych nanocząstek [40]. Kwas taninowy, nazywany również gallotaniną jest mieszaniną pentagalloiloglukozy i pentadigalloiloglukozy.

Przystępną metodę syntezy srebrnych nanodrutów przy użyciu tanin jako reduktora opisał w swoim opracowaniu Tian [41]. Proces prowadzony w temperaturze pokojowej przy stosunku molowym prekursora do reduktora równym 5 prowadził do otrzymania nanodrutów z wydajnością tylko 5-10% względem ilości prekursora. Ze względu na relatywnie niską szybkość procesu (max. 10% wydajności przy czasie redukcji 12 godz.) zdecydowano się zwiększyć czterokrotne stężenie reduktora. Zaobserwowano znaczne zwiększenie szybkości reakcji przy jednoczesnej zmianie morfologii otrzymanych cząstek na kuliste.

W literaturze opisano również wydajny, jednoetapowy sposób otrzymywania kulistych nanocząstek srebra o kontrolowanym rozmiarze. Rolę substancji stabilizującej pełnił cytrynian trisodu. Procedura postępowania była następująca: do roztworu zawierającego stabilizator wprowadzono kwas taninowy. Tak otrzymany roztwór dodano do intensywnie mieszanego roztworu azotanu srebra. Proces prowadzono w temp. 60°C. Stosując różne stężenia kwasu taninowego (1,8-23,5 μM) w roztworze wyjściowym stwierdzono, że zależność średnicy cząstek od stężenia reduktora jest prostoliniowa w zakresie testowanych stężeń. Otrzymane cząstki miały średnicę do 18 do 30 nm i charakteryzowały się niską polidyspersyjnością [42].

Synteza nanocząstek z zastosowaniem tanin może być traktowana jako jedna z „zielonych metod" ze względu na organiczne pochodzenie reduktora [40].

1.2.2.3.6. Redukcja fosfinianem sodu

Reakcja jonów srebra z fosfinianem sodu zachodzi zgodnie z następującą stechiometrią (VIII) [43]:

$$2Ag^+ + NaH_2PO_2 + H_2O \rightarrow 2Ag^0 + NaH_2PO_3 + 2H^+ \qquad \text{(VIII)}$$

Zgodnie z innymi dostępnymi danymi literaturowymi zachodzi reakcja (IX) [44]:

$$4Ag^+ + H_2PO_2^- + 2OH^- \rightarrow 4Ag^0 + H_2PO_4^- + 2H^+ \qquad \text{(IX)}$$

Potencjał redukcyjny fosfinianu jest silnie zależny od pH środowiska. Wykazano, że zadowalające szybkości redukcji jonów srebra uzyskuje się jedynie w środowisku silnie kwaśnym (pH ok. 2) [44] . Zjawisko to tłumaczy się faktem istnienia następującej równowagi tautomerycznej (X):

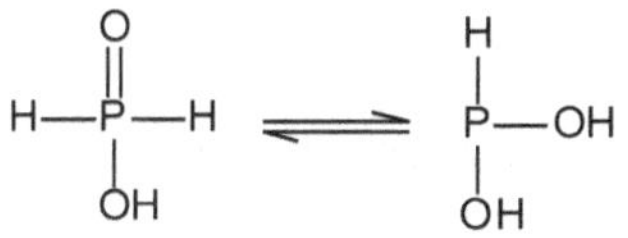

(X)

Nieaktywna forma fosfinianu ulega odwracalnemu przekształceniu do metastabilnej, aktywnej formy zawierającej dwie grupy hydroksylowe. Powstawanie formy aktywnej jest faworyzowane w środowisku kwaśnym. Prowadzenie redukcji w pH zbyt wysokim prowadzi do otrzymania lustra srebrnego w miejsce oczekiwanych nanocząstek [44].

Li i współpracownicy przedstawili sposób syntezy nanocząstek srebra z zastosowaniem fosfinianu sodu. W celu zapewnienia całkowitej redukcji jonów srebra zastosowano czterokrotny nadmiar reduktora względem stechiometrii reakcji. Jako stabilizator suspensji zastosowano PVP. Reakcję prowadzono w temperaturze 30°C, dodając roztworu prekursora do intensywnie mieszanego, wodnego roztworu zawierającego reduktor (o stężeniu 0,05 M) i stabilizator. Takie postępowanie doprowadziło do otrzymania cząstek o wymiarze rzędu 15 nm. W toku bardziej szczegółowych badań ustalono wpływ parametrów procesu (temperatura, stężenie reduktora oraz wzajemny stosunek masowy stabilizatora do prekursora) na rozmiar otrzymanych cząstek. Wykazano, że na rozmiar syntezowanych AgNP spośród testowanych parametrów najbardziej znaczący wpływ mają temperatura prowadzenia procesu oraz stężenie reduktora.

Zaletą otrzymywania nanocząstek srebra metodą redukcji chemicznej z zastosowaniem fosfinianu sodu jest możliwość prowadzenia procesu w temperaturze pokojowej [44].

1.2.2.3.7. Redukcja glukozą

Glukoza, będąca cukrem redukującym ulega reakcji z jonami srebra zgodnie z równaniem reakcji (XI) :

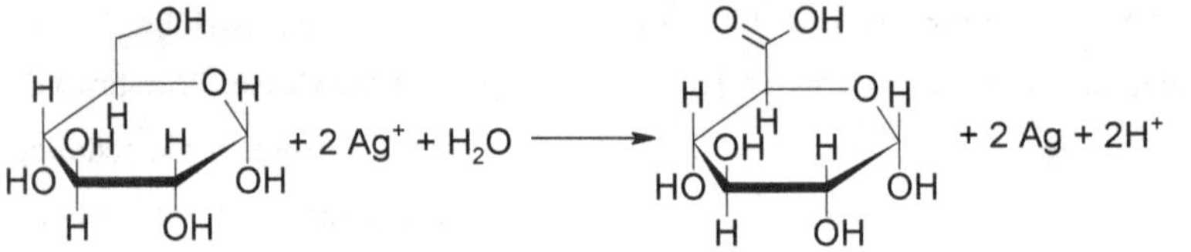

(XI)

Prowadzenie procesu w środowisku zasadowym faworyzuje powstawanie nanocząstek (XII):

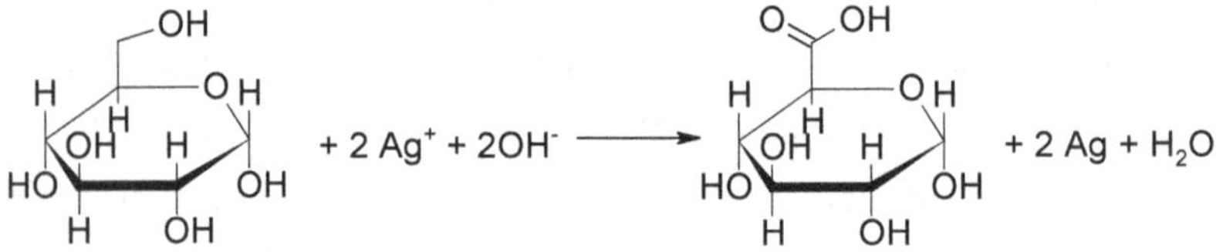

(XII)

Metoda otrzymywania nanocząstek srebra z zastosowaniem glukozy jako reduktora i poli(glikolu etylenowego) (PEG) jako stabilizatora została przedstawiona przez Shameliego [45]. W celu otrzymania nanocząstek srebra roztwór prekursora ($AgNO_3$, 1 M) został rozpuszczony w 200 cm^3 0,1% roztworu PEG. Po otrzymaniu klarownego roztworu dodano roztwór β-D-glukozy (1 M, 10 cm^3) i rozpoczęto ogrzewanie. Proces redukcji prowadzony był w temperaturze 45°C przez 1 godzinę. Stosując takie postępowanie otrzymano sferyczne cząstki o średnicy 10 nm. Wydłużenie czasu ogrzewania mieszaniny reakcyjnej skutkowało tworzeniem nanocząstek o większych rozmiarach (25 nm po 48 godzinach).

Dokładniejsze badania wykazały, że wzajemny stosunek molowy zasady do prekursora wywiera istotny wpływ na przebieg reakcji. W przypadku dodatku zbyt małej ilości NaOH (1,4-1,6 mola na 1 mol jonów srebra) redukcja nie przebiega całkowicie, nawet gdy zostanie zastosowany czterokrotny nadmiar molowy glukozy względem stechiometrii reakcji. Z kolei zbyt wysokie stężenia NaOH powodują zniszczenie warstewki stabilizacyjnej i agregację nanocząstek.

Synteza nanocząstek srebra z zastosowaniem glukozy jako reduktora może być również prowadzona z użyciem amoniaku jako zasady. Procedurę syntezy z zastosowaniem amoniaku przedstawił Sharma [46]. Do wodnych roztworów zawierających azotan(V) srebra (o stężeniu 0,001 M) i glukozę (0,01 M) dodano amoniak tak, aby jego stężenie w końcowej mieszaninie mieściło się w zakresie 0,005-0,2 M. Podczas prowadzonego w temperaturze pokojowej procesu zaobserwowano, że wraz ze wzrostem stężenia amoniaku rośnie średnica hydrodynamiczna otrzymanych nanocząstek. Autorzy tłumaczą ten fakt tym, że utworzenie kompleksu $[Ag(NH_3)_2]^+$ powoduje zmniejszenie wartości standardowego potencjału redukcyjnego z wartości 0,8 V (dla nieskompleksowanej formy srebra, tj. Ag^+) do 0,38 V. Powoduje to zmniejszenie szybkości tworzenia się jąder w początkowym stadium procesu, co promuje powstawanie mniejszej ilości większych nanocząstek w kolejnych jego etapach. Sharma wykazał również, że istnieje pewne krytyczne stężenie amoniaku, po przekroczeniu którego gwałtownie rośnie rozmiar otrzymywanych nanocząstek (z wartości kilkudziesięciu do kilkuset nanometrów) oraz ich polidyspersyjność. Dla przedstawionych powyżej warunków syntezy stężenie to wynosi 0,035 M.

1.2.3. Właściwości nanocząstek srebra

1.2.3.1. Właściwości optyczne

Różnice we właściwościach fizykochemicznych nanocząstek srebra względem litego materiału oraz pojedynczych atomów wynikają głównie z budowy krystalicznej oraz z wysokiej wartości powierzchni właściwej. Krystaliczna budowa nanocząstek przejawia się obecnością swobodnych elektronów powierzchniowych, które zdolne są do oddziaływania z promieniowaniem elektromagnetycznym. Bezpośrednim wynikiem tych oddziaływań jest zjawisko rezonansu plazmonowego, polegającego na wprawieniu w drgania (rezonans) chmury elektronów swobodnych

[47]. W efekcie następuje absorbcja promieniowania z zakresu widzialnego, a długość fali, dla której przypada maksimum absorpcji zależy od szeregu czynników. Wykazano, że częstotliwość rezonansu plazmonowego uzależniona jest od kształtu, morfologii, i wielkości cząstek [47]. Przykładowo, wraz ze zmniejszaniem rozmiaru cząstek obserwuje się przesunięcie hipsochromowe oraz zwężenie pasma absorpcyjnego [47]. Oddziaływanie nanocząstek z promieniowaniem elektromagnetycznym powoduje migrację elektronów powierzchniowych w obrębie nanocząstki, a co za tym idzie zmiany w rozkładzie ładunku elektrycznego. Tworzą się wówczas dipole oscylujące z częstotliwością rezonansową. Dla cząstek o kształcie kulistym rezonans dipola zachodzi wyłącznie dla pojedynczej częstości (długości fali), zatem w widmie UV-Vis suspensji takich nanocząstek obserwuje się pojedyncze pasmo absorpcyjne. W przypadku cząstek o niesymetrycznych kształtach (np. podłużne lub pryzmatyczne) charakterystyczne są dwie lub więcej częstotliwości rezonansowych [48].

Położenie maksimum pasma absorbcyjnego uzależnione jest także od właściwości optycznych ośrodka dyspersyjnego. Jak wykazał w swoich badaniach Van Duyne [49], wraz ze wzrostem wartości stałej dielektrycznej rozpuszczalnika rośnie częstotliwość rezonansu plazmonowego (obserwuje się przesunięcie hipsochromowe). Przykładowo, dla nanocząstek srebra długość fali przy której obserwowano maksimum absorbancji uległa zwiększeniu o 37 nm po zmianie ośrodka dyspersyjnego z metanolu ($\varepsilon = 32{,}7\ F \cdot m^{-1}$ [50]) na benzen ($\varepsilon = 2{,}27\ F \cdot m^{-1}$ [50]) [49].

1.2.3.2. Przewodnictwo cieplne i elektryczne

Z obecności swobodnych elektronów powierzchniowych wynikają również zmiany w temperaturze topnienia oraz przewodnictwie elektrycznym i cieplnym nanocząstek. Cząstki o mniejszych rozmiarach, charakteryzujące się większą ilością atomów powierzchniowych mają niższą temperaturę topnienia w stosunku do materiału litego [51]. Związane jest to z wartością energii powierzchniowej. Analogiczne zależności obserwuje się dla przewodnictwa cieplnego i elektrycznego [52].

1.2.3.3. Właściwości biobójcze

Nanocząstki srebra wykazują aktywność biologiczną wobec szerokiego spektrum organizmów patogennych. Działanie bakteriobójcze zostało potwierdzone zarówno wobec bakterii typu Gram-dodatnich m. in.: *Bacillus subtilis*, *Staphylococcus aureus*, *Listeria monocytogene*, *Enterococcus faecalis*; jak również Gram-ujemnych: *Escherichia coli, Klebsiella aerogenes*, *Salmonella serovars*. Wykazano również aktywność wobec grzybów, m. in. gatunku *Candida albicans* oraz wirusów HIV i opryszczki pospolitej [53].

Mimo wielu podjętych badań, mechanizm biobójczego działania nanocząstek srebra wciąż nie został w pełni wyjaśniony. Obecnie, jako najbardziej prawdopodobne przyjmuje się następujące mechanizmy działania toksycznego: interakcja z błoną komórkową mikrobów, uwalnianie srebra jonowego oraz mechanizm transportowy.

Proces uwalniania srebra jonowego zachodzi zgodnie z następującym równaniem reakcji (XIII):

$$Ag_{(s)} + \frac{1}{2}O_2 + 2H^+ \longrightarrow 2Ag^+ + H_2O \qquad \text{(XIII)}$$

Inny mechanizm uwalniania jonów srebra został zaproponowany przez Marambio-Jones i Holka [53], według których proces uwalniania jonów srebra zachodzi w mitochondriach komórek eukariontów lub może przebiegać również w przestrzeni cytoplazmatycznej i zachodzić zgodnie z równaniem reakcji (XIV):

$$2Ag + H_2O_2 + 2H^+ \rightarrow 2Ag^+ + 2H_2O \qquad \text{(XIV)}$$

Kationy srebra zostały zaklasyfikowane wg Pearsona [54] do kationów miękkich, w związku z czym preferują wiązanie się do łatwo polaryzowalnych, słabych ligandów (zasad) jak np. grupy tiolowe. W związku z powyższym, obecnie uważa się, że kationy srebra, zarówno w postaci wolnej jak i skompleksowanej ulegają reakcji z enzymami łańcucha oddechowego prowadząc do śmierci komórki na skutek nadmiernego nagromadzenia reaktywnych form tlenu (ROS – ang. *Reactive Oxygen Species*): tlen singletowy, nadtlenek wodoru, anionorodnik ponadtlenkowy i rodnik wodorotlenkowy. Badania Parka [55] wykazały, że aktywność przeciwbakteryjna jonów srebra jest większa w warunkach aerobowych, przy czym zwiększenie aktywności jest wynikiem powstawania anionorodnika ponadtlenkowego. Blokowanie łańcucha oddechowego przez jony srebra, jako pierwszy etap nagromadzenia reaktywnych form tlenu był również przedmiotem zainteresowania Gordona [56], który wskazał zniszczenie centrów żelazowo-siarkowych z następczą reakcją Fentona (XV) jako przyczynę nadmiernego wzrostu ilości rodników hydroksylowych.

$$Fe^{2+} + H_2O_2 \rightarrow Fe^{3+} + OH^- + OH^\bullet \qquad \text{(XV)}$$

Wiele eksperymentów, przeprowadzonych między innymi przez Choi [57], Navarro [58], Yin [59] i Laban [60] wskazuje na to, że uwalnianie srebra jonowego nie jest jedynym mechanizmem działania toksycznego. Jako dowód można uznać fakt, że w przytoczonych wyżej badaniach suspensje nanocząstek srebra okazały się być bardziej toksyczne niż roztwory soli srebra o równoważnym stężeniu.

Toksyczność nanocząstek srebra zależna jest od ich kształtu [61], rozmiaru [62], ładunku powierzchniowego [63], rodzaju zastosowanego stabilizatora [64] i składu medium dyspersyjnego [65]. Czynniki te mogą wpływać na właściwości biobójcze zarówno bezpośrednio jak i pośrednio – przez zmianę szybkości uwalniania srebra jonowego. W celu zbadania czy nanocząstki srebra wykazują działanie toksyczne w przypadku, gdy nie towarzyszy im srebro jonowe Xiu [66] poddał ich działaniu szczep *E. Coli* zarówno w warunkach aerobowych jak i anaerobowych. Przedmiot badań stanowiły stabilizowane modyfikowanym grupami tiolowymi poli(glikolem etylenowym) sferyczne nanocząstki srebra o rozmiarach 5 i 11 nm. Jak wykazano, badane nanocząstki w zakresie stężeń do 158 lub 195 $mg \cdot L^{-1}$

(odpowiednio dla cząstek o średnicy 5 i 11 nm) nie wykazują działania toksycznego w warunkach anaerobowych. Należy zatem podejrzewać, że uwalnianie srebra jonowego jest kluczowym mechanizmem działania przeciwbakteryjnego nanocząstek srebra a parametry samych cząstek takie jak rozmiar, kształt, rodzaj stabilizatora czy ładunek powierzchniowy wpływają na ich toksyczność w sposób pośredni (przez zmianę szybkości czy miejsca uwalniania jonów srebra). W związku z tym, ilościowy opis procesu uwalniania jonów srebra może w przyszłości pozwolić na pełne kontrolowanie właściwości toksycznych nanocząstek.

Akumulacja nanocząstek srebra w błonie komórkowej upośledza jej przepuszczalność, prowadząc co wycieku płynu wewnątrzkomórkowego lub też do zmiany gradientu potencjału elektrycznego komórki [53]. Powinowactwo nanocząstek do komórki jest silnie uzależnione od ich ładunku powierzchniowego. Można się zatem spodziewać, że cząstki naładowane dodatnio będą wykazywać znaczne powinowactwo wobec negatywnie naładowanych lipopolisacharydów zewnętrznej błony komórkowej, natomiast te ujemnie naładowane znacznie mniejsze (wskutek odpychania elektrostatycznego). Fakt ten został potwierdzony doświadczalnie. Badania El Badawy [67], które dotyczyły aktywności przeciwbakteryjnej nanocząstek srebra o przeciwnym ładunku powierzchniowym wykazały, że stabilizowane cytrynianem, ujemnie naładowane cząstki charakteryzowały się znacznie słabszym działaniem (w porównaniu do stabilizowanych rozgałęzioną poli(etylenoiminą) cząstek naładowanych dodatnio) wobec posiadającego ujemnie naładowaną [68] błonę komórkową szczepu *Baccilus*.

Oddziaływanie nanocząstek srebra z błona komórkową może mieć również odmienny charakter i polegać na jej penetracji. Mechanizm interakcji błony komórkowej z nanocząstkami srebra został zaproponowany przez Mirzajani [69], który zasugerował, że polega on na zniszczeniu wiązań β→1→4 glikozydowych. Zniszczenie tych wiązań, stanowiących połączenie pomiędzy poszczególnymi elementami budulcowymi peptydoglikanu N-acetyloglukozaminy i kwasu N-acetylomuraminowego skutkowałoby uwalnianiem tych substancji do otoczenia. Hipoteza ta została potwierdzona doświadczalnie. Badania dotyczące aktywności przeciwbakteryjnej nanocząstek srebra względem Gram-dodatniej bakterii gronkowca złocistego (*Staphylococcus Aureus*) wykazały, że stężenie kwasu N-acetylomuraminowego rośnie w czasie. Co więcej, stosując metody spektroskopowe udało się ustalić, że zmianie ulega również struktura łańcucha peptydowego [69]. Opisany mechanizm okazał się być prawdziwy również dla bakterii Gram-ujemnych [70].

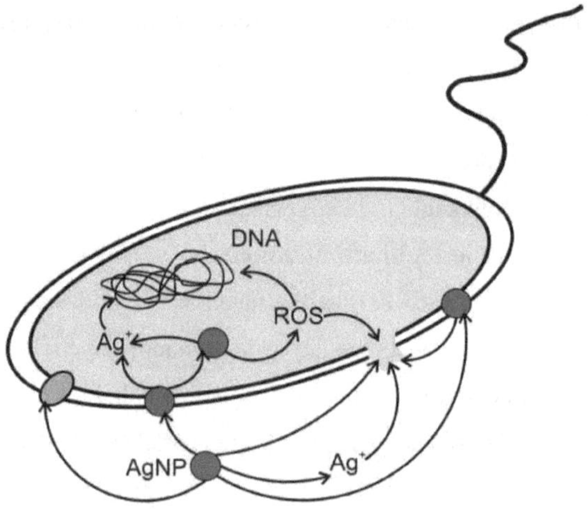

Rys. 2 Możliwe mechanizmy oddziaływania nanocząstek srebra z komórką bakteryjną. Na podstawie [71].

Nanocząstki srebra mogą również pełnić funkcję „transportera" jonów srebra do wnętrza komórki (cytoplazmy), zapobiegając ich kompleksowaniu przez występujące w środowisku ligandy (np. jony chlorkowe). Umożliwia to reakcję kationów srebra z DNA bakterii. Badania [72] przeprowadzone za pomocą metody TEM wykazały obecność jasnego pola w środku komórki *E. coli* poddanej działaniu nanocząstek srebra. Pole to zostało powiązane z gęsto upakowanym, skondensowanym DNA, które straciło swoją zdolność do replikacji. Analogiczne rezultaty uzyskano w niezależnych badaniach przeprowadzonych przez Li [73], gdy szczep *S. aureus* został poddany działaniu komercyjnie dostępnej suspensji nanocząstek srebra. Obecność różnorodnych form srebra w cytoplazmie może prowadzić do śmierci komórki przez zaburzenie cyklu rozwojowego mikroorganizmu na skutek zmniejszonej biodostępności aminokwasów i białek powodowanej ich kompleksowaniem.

1.2.4. Zastosowanie

1.2.4.1. Komercyjne zastosowania nanocząstek srebra

Głównym komercyjnym kierunkiem zastosowania nanomateriałów jest produkcja tkanin i opakowań zawierających nanocząstki srebra jako substancję przeciwbakteryjną. Według danych z 2013 r. ok. 24% komercyjnie dostępnych, bazujących na nanomateriałach produktów zawiera nanocząstki srebra [74].

Dzięki swoim właściwościom bakterio- i grzybobójczym suspensje nanocząstek srebra są szeroko stosowane w medycynie do odkażania i dezynfekcji powierzchni płaskich i sprzętu medycznego. Aplikowane są zazwyczaj w postaci płynów lub aerozoli. Medyczne zastosowanie nanocząstek srebra obejmuje również rozmaite opatrunki. Pierwszym komercyjnie dostępnym tego typu produktem był Acticoat®, wykonany z dwóch warstw poliamidowych pokrytych nanokrystalicznym srebrem. Okazało się, że zastosowanie opatrunku Acticoat® redukuje częstotliwość występowania zakażeń ran przez bakterię posocznicy. Badania przeprowadzone przez Wrighta [75] wykazały, że skuteczność przeciwgrzybiczna opatrunku typu Acticoat® jest większa niż sulfadiazyny srebra czy nawet $AgNO_3$. Materiały zawierające nanocząstki srebra stosuje się także w produkcji siatek chirurgicznych, protez naczyniowych i ortopedycznych. Wykazano, że zastosowanie nanocząstek srebra jako dodatkowego składnika protezy nie wpływa na jej biokompatybilność [76].

Stabilność nanocząstek srebra w warunkach przetwórstwa tworzyw sztucznych stwarza możliwość zastosowania tego materiału w produkcji opakowań do żywności. Kilka produktów tego typu (plastikowe torby do przechowywania żywności, pojemniki próżniowe) dostępnych jest w USA. Zgodnie z rozporządzeniem wydanym przez Europejski Urząd ds. Bezpieczeństwa Żywności opakowania zawierające nanocząstki srebra nie są dopuszczone do kontaktu z żywnością na terenie Unii Europejskiej.

W celu ograniczenia rozwoju mikroorganizmów modyfikuje się tkaniny poprzez inkorporację nanocząstkami srebra. Proces ten realizowany może być na dwa sposoby: przez wprowadzenie nanocząstek do wnętrza włókien lub na ich powierzchnię. Wybór konkretnej metody produkcji determinuje trwałość takich tkanin. Włókna z nanocząstkami srebra są powszechnie stosowane do wyrobu koszulek, skarpetek, bielizny i ubioru sportowego. Zazwyczaj ilość wprowadzonego srebra zawiera się w przedziale 0,01-0,03 mg/g tkaniny [77].

Różnorodne nanoformy srebra znalazły zastosowanie także w elektronice do produkcji transparentnych filmów przewodzących, elektrod, tranzystorów czy kondensatorów [78].

1.2.4.2. Powierzchniowo wzmocniona spektroskopia Ramana

Spektroskopia Ramana, będąca techniką komplementarną względem spektroskopii w podczerwieni polega na pomiarze intensywności promieniowania rozproszonego o energii różniącej się od energii promieniowania padającego (tzw. pasma stokesowkie i antystokesowskie kolejno dla zmniejszonej i zwiększonej energii) – tzw. promieniowania Ramana [79]. W technice powierzchniowo wzmocnionej spektroskopii Ramana – SERS (ang. *Surface Enhanced Raman Spectroscopy*) pomiaru intensywności promieniowania rozproszonego dokonuje się dla cząsteczek analitu zaadsorbowanych na powierzchni metalu litego lub cząstki.

Zjawisko wzmocnienia powierzchniowego będące podstawą ww. techniki zostało po raz pierwszy zaobserwowane dla cząsteczki pirydyny w roku 1974.

„Wzmocnienie powierzchniowe" polega na znacznym zwiększeniu intensywności rejestrowanego sygnału, co pozwala na obniżenie progu detekcji analitów do wartości rzędu 10^{-18} $mol \cdot dm^{-3}$ [80]. W przypadku stosowania jako materiału metalicznego nanocząstek srebra, współczynnik wzmocnienia może wynosić nawet 10^{14} [81].

Pomimo intensywnego rozwoju spektroskopii, mechanizm wzmocnienia nie został dotychczas w pełni wyjaśniony. Obecnie SERS tłumaczony jest w oparciu o dwie teorie. Pierwsza z nich opiera się na omówionym wcześniej zjawisku powierzchniowego rezonansu plazmonowego. Według tej teorii, cząsteczki analitu zaadsorbowane na powierzchni metalicznej znajdują się w obszarze silnego pola elektromagnetycznego, co jest bezpośrednią przyczyną wzmocnienia sygnału. Druga ze stosowanych teorii, nazywana chemiczną postuluje istnienie na powierzchni cząstek uprzywilejowanych energetycznie obszarów zwanych miejscami aktywnymi (są nimi metaliczne atomy lub klastery). Postuluje się, że za oddziaływania między analitem, a miejscami aktywnymi odpowiadają kompleksy typu CT (ang. *charge transfer* – kompleksy z przeniesieniem ładunku).

Intensywność wzmocnienia w SERS zależna jest od szeregu czynników. Wykazano, że wartość wzmocnienia sygnału wzrasta wraz ze wzrostem rozmiaru nanocząstek, na których zaadsorbowany jest analit [82]. Dalsze badania pozwoliły ustalić, że dla srebra optymalną wielkością nanocząstek jest 50 nm [83], przy założeniu stosowania stałej ilości (masy) nanomateriału. Jak wykazał w swojej pracy Zhang, nie bez znaczenia pozostaje też morfologia stosowanych nanocząstek [84].

1.2.4.3. Kataliza

Wysoce rozwinięta powierzchnia aktywna czyni z nanocząstek srebra materiał o obiecujących właściwościach katalitycznych. Dotychczas w literaturze pojawiły się doniesienia o możliwości zastosowania nanocząstek srebra jako katalizatora między innymi następujących procesów: redukcji aromatycznych związków nitrowych [85], cykloaddycji Diesla-Aldera [86], odwodornienia alkoholi drugorzędowych do ketonów [87], reakcji utleniania dimetylosilylobenzenu [88], tworzenia wiązań węgiel-węgiel [89], przegrupowania Wolffa [90], czy też synteza imin [91].

Katalityczne właściwości nanocząstek srebra zależą od ich kształtu, rozmiaru cząstek, rodzaju zaadsorbowanego stabilizatora i właściwości powierzchniowych.

W badaniach [92] dotyczących aktywności katalitycznej nanocząstek srebra w procesie utleniania styrenu za pomocą wodoronadtlenku *tert*-butylu wykazano, że nanocząstki o kształcie sześcianów są czternastokrotnie, natomiast nanodyski czterokrotnie bardziej aktywne niż nanocząstki o kształcie zbliżonym do sferycznego.

Wpływ rozmiaru nanocząstek srebra na przebieg procesu redukcji błękitu metylenowego tetrahydroboranem sodu był przedmiotem zainteresowania grupy badawczej kierowanej przez Kvitka [93]. Badaniu zostały poddane nanocząstki o różnych rozmiarach, mieszących się w zakresie 28-77 nm. W wyniku przeprowadzonych badań ustalono, że zgodnie z przewidywaniami teoretycznymi (model Langmuira–Hinshelwooda) stała szybkości reakcji rośnie proporcjonalnie do kwadratu powierzchni właściwej cząstek.

1.2.5. Metody charakterystyki nanocząstek srebra

Kierunek aplikacyjnego zastosowania nanocząstek srebra w dużej mierze zależy od ich rozmiaru, kształtu i innych właściwości. Z tego względu konieczna jest dokładna charakterystyka fizykochemiczna, która jest niezbędnym etapem poprzedzającym zastosowania aplikacyjne. Charakterystyka nanocząstek srebra polega najczęściej na przeprowadzeniu następujących badań:

a) Pomiar długości fali przy której występuje maksimum absorpcji
b) Wyznaczenie rozkładu wielkości (średnicy hydrodynamicznej) nanocząstek
c) Określenie kształtu i morfologii nanocząstek
d) Określenie składu chemicznego warstwy adsorpcyjnej
e) Wyznaczenie stabilność cząstek w warunkach zmiennego pH, siły jonowej, temperatury i stężenia suspensji

1.2.5.1. Spektroskopia UV-Vis

Przydatność spektroskopii UV-Vis w odniesieniu do badania nanocząstek srebra wynika bezpośrednio z ich właściwości optycznych warunkowanych istnieniem powierzchniowego rezonansu plazmonowego. Kształt widma absorpcyjnego nanocząstek zależy od ich wielkości, kształtu oraz stopnia agregacji [94]. W przypadku nanocząstek kulistych, w widmie UV-Vis obserwuje się pojedyncze pasmo absorpcyjne, którego maksimum przypada dla długości fali równej ok. 400 nm. Pasmo to może być przesunięte batochromowo (w kierunku fal dłuższych) lub hipsochromowo (w kierunku fal krótszych) w zależności od rozmiaru nanocząstek. W widmie cząstek o kształcie innym niż kulisty obserwuje się pojawienie dodatkowych maksimów. Cenną informacją jest również szerokość pasma w połowie jego wysokości pozwalająca na oszacowanie stopnia polidyspersji nanocząstek [95].

Technika Uv-Vis może być stosowana również do ilościowego oznaczania analitów, w tym nanocząstek srebra, jednakże tylko w zakresie stężeń, w którym spełnione jest prawo Lamberta-Beera. Zaletami opisywanej metody są niewątpliwie powszechność spektrometrów oraz prostota wykonania pomiaru.

1.2.5.2. Dynamiczne rozpraszanie światła

W wyniku zderzania się z cząsteczkami rozpuszczalnika, cząstki koloidalne zawarte w suspensji wykonują chaotyczne ruchy we wszystkich kierunkach. Prędkość ruchu cząstki w ośrodku zależy m. in. od jej rozmiaru. Większe cząstki poruszają się szybciej, natomiast mniejsze wolniej. Różnica w prędkości cząstek o różnej wielkości wynika z ilości zderzeń, którym ulegają w jednostce czasu. W przypadku większych cząstek liczba molekuł ośrodka zderzających się z cząstką jest bardzo duża i pędy uzyskane z poszczególnych zderzeń ulęgają wzajemnemu zniesieniu. Kierunek i wartość przesunięcia ruchów Browna są przypadkowe, jednakże można obliczyć średni kwadrat przesunięcia cząstki, a co za tym idzie współczynnik dyfuzji. Zależność między rozmiarem cząstki (ściślej jej średnicą hydrodynamiczną), a współczynnikiem dyfuzji przedstawia równanie Stokesa-Einsteina (1):

$$D = \frac{kT}{3\pi\eta d} \quad (1)$$

w którym:

D – współczynnik dyfuzji [$cm^2 \cdot s^{-1}$],

k – stała Boltzmanna [$J \cdot K^{-1}$],

T – temperatura [K],

η – lepkość dynamiczna ośrodka dyspersyjnego [$g \cdot cm^{-1} \cdot s^{-1}$],

d_H – średnica hydrodynamiczna cząstki [cm]

W technice dynamicznego rozpraszania światła (ang. *Dynamic Light Scattering* – DLS) analizowane cząstki oświetlane są wiązką światła, którego pewna część ulega odbiciu od ich powierzchni, a następnie jest rozpraszana i trafia na ekran detektora. Interferencja fal znajdujących się w jednej fazie powoduje powstanie na ekranie pól jasnych, natomiast pola ciemne powstają gdy ma miejsce wzajemne wygaszanie fali rozproszonej z rozpraszającą. Powstały z pól ciemnych i jasnych obraz ulega fluktuacjom w czasie. Pomiar współczynnika dyfuzji dokonywany jest w oparciu o funkcję korelacyjną intensywności tych fluktuacji. W efekcie otrzymuje się rozkład rozmiaru cząstek w zależności od ich rozmiaru, objętości lub intensywności światła rozpraszanego [96].

Technika DLS jest metodą nieinwazyjną, pozwala na prowadzenie pomiarów wielkości cząstek bez konieczności odseparowania od medium rozpraszającego. Do dodatkowych zalet należy zaliczyć możliwość prowadzenia pomiarów w warunkach kontrolowanej siły jonowej, pH, temperatury czy stężenia innych substancji. Niestety stosując metodę DLS nie można określić kształtu i morfologii cząstek, a zastosowanie tej techniki ograniczone jest do pomiarów układów o niskim współczynniku polidyspersji.

1.2.5.3. Pomiar ruchliwości elektroforetycznej

Stabilność liofobowych układów koloidalnych wynika z obecności ładunku elektrycznego na powierzchni cząstek zdyspergowanych, dzięki czemu zjawiska elektrokinetyczne, szczególnie elektroforeza są szeroko stosowanymi technikami w określaniu właściwości suspensji nanocząstek metali w tym srebra.

Elektroforeza, będąca przeciwieństwem elektroosmozy jest zjawiskiem polegającym na ruchu naładowanych cząstek pod wpływem przyłożonego pola elektrycznego. Kierunek ruchu cząstki zależny jest od znaku ładunku elektrycznego warstwy adsorpcyjnej Sterna. Cząstki naładowane dodatnio ulegają kataforezie (migracji w kierunku ujemnie naładowanej katody), natomiast cząstki o ujemnym ładunku elektrycznym anaforezie (migrują ku anodzie). Wielkością fizyczną charakteryzującą ruch cząstki w polu elektrycznym jest ruchliwość elektroforetyczna μ_e definiowana jako:

$$\mu_e = \frac{\upsilon}{E} \qquad (2)$$

gdzie:

υ – prędkość poruszania się cząstki [$m \cdot s^{-1}$]

E – natężenie zewnętrznego pola elektrycznego [$V \cdot m^{-1}$]

Siła elektryczna działająca na cząstkę o ładunku q dana jest wzorem (3):

$$F_e = qE \qquad (3)$$

Ruchowi cząstek w kierunku elektrody przeciwdziała jednak siła tarcia F_t, która dla cząstek kulistych wynosi:

$$F_t = 3\pi\eta\upsilon d_H \tag{4}$$

Za dodatkowe siły przeciwdziałające sile elektrycznej odpowiadają ruch jonów w warstwie dyfuzyjnej oraz efekty relaksacyjne. Przy pominięciu obu ww. zjawisk wzór na ruchliwość elektroforetyczną przyjmuje postać:

$$\mu_e = \frac{q}{3\pi\eta\upsilon d_H} \tag{5}$$

Miarą stabilności układu koloidalnego jest potencjał elektrokinetyczny ζ:

$$\zeta = \frac{q}{2\pi\varepsilon d_H} \tag{6}$$

Łącząc równiania (5) i (6) otrzymuje się:

$$\mu_e = \frac{2\zeta\varepsilon}{3\eta} \tag{7}$$

Prędkość cząstek może zostać zmierzona metodą laserowego pomiaru bazującego na zjawisku Dopplera (technika LDV – ang. Laser Doppler Velocimetry). W metodzie LDV cząstki poddane działaniu zewnętrznego pola elektrycznego oświetlane są monochromatyczną wiązką promieniowania laserowego, która ulega rozproszeniu. Wiązka światła rozproszonego porównywana jest z wiązką referencyjną, dzięki czemu rejestrowany jest sygnał o zmiennej częstotliwości, przy czym częstotliwość fluktuacji jest wprost proporcjonalna do prędkości cząstek fazy zdyspergowanej [96]. Zastosowanie modulatora optycznego pozwala na jednoznaczne określenie znaku potencjału zeta. Umożliwia to śledzenie jego zmian w zależności od pH roztworu, ilości dodanego elektrolitu, temperatury czy też innych czynników.

Miarą stabilności koloidów liofobowych jest potencjał elektrokinetyczny ζ definiowany jako potencjał elektryczny występujący na granicy poślizgu (część warstwy dyfuzyjnej poruszająca się wraz z cząstką) względem wnętrza medium dyspersyjnego. W przypadku układów koloidalnych, dla których ośrodkiem dyspersyjnym jest woda, za stabilne uważa się te, których wartość bezwzględna potencjału ζ jest większa niż 30 mV [96].

1.2.5.4. Mikroskopia elektronowa

Transmisyjna mikroskopia elektronowa - TEM (ang. *Transmission Electron Microscopy*) oraz skaningowa mikroskopia elektronowa - SEM (*Scanning Electron Microscopy*) są technikami umożliwiającymi określenie rozmiaru i morfologii cząstek srebra nawet o rozmiarach znacznie mniejszych niż długość fali światła z zakresu widzialnego. Podstawą metod mikroskopii elektronowej jest oddziaływanie zogniskowanej wiązki elektronów z materiałem próbki. Wiązka powstaje na skutek termoemisji elektronów z wolframu czy też heksaborku lantanu (LaB_6) lub przez zastosowanie działa z emisją polową FEG (ang. *Field Emission Gun*) [97]. Wytworzona pierwotnie wiązka elektronów jest kolimowana, a następnie ogniskowana. Oddziaływanie elektronów z atomami próbki prowadzi do uzyskania różnorodnych sygnałów, które stosowane są do tworzenia obrazu oraz analizy składu badanych nanostruktur.

W metodzie SEM najczęściej stosowanymi sygnałami są elektrony wtórne SE (ang. *secondary electrons*) oraz elektrony wstecznie rozproszone BSE (ang. *backscattered electrons).* SE charakteryzują się niskimi wartościami energii (poniżej 50 eV). W znacznej większości pochodzą z warstwy znajdującej się bezpośrednio przy powierzchni próbki. Emitowane są w wyniku zderzeń wiązki pierwotnej z atomami próbki, mogą być to również elektrony pierwotne, które w wyniku rozpraszania straciły swoją energię i wydostały się z powierzchni próbki. Ze względu na swoją liczność stanowią główne źródło obrazowania w metodzie SEM. BSE to elektrony pierwotne, które uległy sprężystemu odbiciu od jąder atomowych próbki, w wyniku czego charakteryzują się nieco mniejszym pędem. W odróżnieniu od SE wydajność tego rodzaju elektronów nie jest zależna od wartości napięcia przyspieszającego. Obrazy otrzymywane w trybie BSE charakteryzują się jednak znacznie gorszą rozdzielczością ze względu na zwiększony obszar emisji. Wydajność elektronów wstecznie rozproszonych zależna jest od liczby atomowej – pozwala to na jakościową analizę składu badanego materiału. Analizę składu chemicznego przeprowadza się również w oparciu o emisję promieniowania charakterystycznego, powstałego podczas przejścia elektronu z orbitalu o wyższej energii na powstały w wyniku wybicia elektronu niecałkowicie zapełniony orbital o energii niższej [98].

Źródłem sygnału w metodzie TEM są elektrony przechodzące przez próbkę. Powstały w ten sposób dwuwymiarowy obraz jest rzutem próbki na płaszczyznę. Za tworzenie kontrastu odpowiadają trzy zjawiska: kontrast rozproszeniowy powstający w wyniku rozpraszania wiązki elektronów na jądrach atomowych, interferencyjny będący wynikiem interferencji wiązki pierwotnej z jedną lub więcej wiązek rozproszonych oraz dyfrakcyjny, który powstaje na skutek różnicy amplitud wiązki przechodzącej i ugiętej.

Metody mikroskopii elektronowej ze względu na konieczność stosowania wysokiej próżni (rzędu 10^{-4} Pa) umożliwiają badanie jedynie próbek stałych, co w przypadku badań nanocząstek srebra wiąże się z dodatkowym nakładem pracy i stratami materiału. Stosując metody mikroskopii elektronowej można badać zarówno struktury przewodzące jak i nieprzewodzące. W celu obrazowania struktur nieprzewodzących należy ich powierzchnię pokryć warstewką materiału przewodzącego np. chromu.

1.2.5.5. Mikroskopia sił atomowych

Technika mikroskopii sił atomowych AFM (ang. *Atomic Force Microscopy*) umożliwia obrazowanie powierzchni różnorodnych struktur w mikro- i nanoskali.

W metodzie tej próbnik stanowi umieszczone na dźwigni ostrze skanujące, natomiast mierzonym parametrem jest siła oddziaływania ostrza z powierzchnią próbki. Wychylenie dźwigni z położenia równowagi mierzone jest za pomocą wiązki laserowej, która po odbiciu od powierzchni sondy trafia do fotodetektora. Istnieją również inne metody obrazowania: pomiar prądu tunelowego [99], metody interferometryczne [100] oraz oparte o efekt piezoelektryczny [101]. Mikroskop sił atomowych może pracować w dwóch trybach: stałej siły lub stałej odległości. W przypadku pierwszym elektroniczny układ sprzężenia zwrotnego reguluje położenie ostrza w sposób zapewniający stałą wartość oddziaływania z powierzchnią próbki. Umożliwia to badania próbek o zmiennej topografii. W drugim wymienionym trybie ostrze utrzymywane jest na stałej wysokości. Skanowanie zachodzi przez przesuwanie dźwigni nad płaszczyzną próbki, mierzona jest natomiast wartość prądu. Tryb stałej odległości stosowany jest głównie do badania próbek o bardzo płaskiej powierzchni, gdzie ryzyko uszkodzenia ostrza w wyniku zetknięcia z zniekształceniem topograficznym jest znikome.

Podczas zbliżania ostrza do powierzchni próbki działają na nie siły van der Waalsa oraz siły elektrostatyczne. W miarę dalszego zmniejszania odległości siły te zmieniają się w siłę odpychającą. Wynika to z wzajemnego nakładania chmur elektronowych (zakaz Pauliego). Pomiaru za pomocą metody AFM można dokonywać w dwóch wariantach: kontaktowym inaczej odpychającym bądź statycznym oraz bezkontaktowym [102]. W trybie statycznym, podczas przesuwania ramienia skanera nad powierzchnią próbki dźwignia ulega odkształceniu sprężystemu, które jest proporcjonalne do zmian topografii powierzchni. W trybie bezkontaktowym ramię dźwigni zostaje wprawione w drgania o częstotliwości bliskiej częstotliwości drgań własnych. Oddziaływanie ostrza z próbką powoduje zmiany częstotliwości rezonansowej lub amplitudy drgań. Z tego względu wyróżnia się dwie główne techniki bezkontaktowe: z modulacją amplitudy oraz z modulacją częstotliwości. Skanowanie próbki przy zachowaniu na stałym poziomie jednej z tych wartości pozwala na obrazowanie jej powierzchni.

Technika AFM znajduje zastosowanie w badaniu materiałów biologicznych, cząsteczek DNA, białek i polimerów. Metoda ta często stosowana jest do określania morfologii i wielkości nanocząstek różnych metali, w tym srebra.

1.3. Uwalnianie srebra jonowego

1.3.1. Wprowadzenie

Wobec powszechnego stosowania różnorodnych produktów zawierających srebro koloidalne, bezpieczeństwo ich stosowania jest kluczowym czynnikiem. Nadmierna eksploatacja produktów z nanocząstkami srebra może prowadzić do ich niekontrolowanego uwalniania do środowiska, w szczególności wodnego. Wykazano, że nanocząstki srebra są toksyczne nie tylko dla bakterii i grzybów, ale także dla całego szeregu organizmów wodnych [103]. Po przedostaniu się do środowiska wodnego, nanocząstki srebra mogą uwalniać srebro jonowe, które znane jest ze swoich właściwości toksycznych. Jak wykazano wcześniej, nanocząstki srebra w połączeniu ze srebrem jonowym mogą wykazywać działanie niezależne bądź synergistyczne. Z tego względu dokładne zbadanie tego procesu jest istotnym zagadnieniem umożliwiającym przewidzenie ewentualnych skutków powszechnego stosowania produktów zawierających nanocząstki srebra. Poznanie i zrozumienie mechanizmu oraz kinetyki procesu uwalniania srebra jonowego nie jest możliwe bez nowoczesnych metod analitycznych stosowanych w oznaczaniu srebra jonowego.

1.3.2. Metody oznaczania srebra jonowego

1.3.2.1. Elektrody jonoselektywne

Potencjał elektrody jonoselektywnej (ang. *Ion-Selective Electrode* - ISE) uzależniony jest od aktywności jonów znajdujących się w roztworze badanym. Zależność między potencjałem elektrody E, a temperaturą bezwzględną T i aktywnością oznaczanego jonu X o ładunku z przedstawia równanie Nernsta (17):

$$E = E^o + \frac{RT}{zF}\ln\left(a_{X^{z+}}\right) \qquad (17)$$

gdzie:

E^o - potencjał standardowy ISE.

F- stała Faradaya

Spośród wielu typów największe znaczenie mają membranowe elektrody jonoselektywne. W przypadku potencjometrycznego oznaczania jonów Ag^+ membrany wykonane są z mono- lub polikrystalitów Ag_2S. Tak wykonana elektroda charakteryzuje się zmianą wartości potencjału jedynie w przypadku, gdy roztwór badany zawiera jony wchodzące w skład sieci krystalicznej membrany, a więc Ag^+ i S^{2-}.

Oznaczenie zawartości srebra jonowego z zastosowaniem ISE polega na pomiarze potencjału tej elektrody względem elektrody odniesienia (np. kalomelowej). Następnie, stosując równanie (17) potencjał elektrody jonoselektywnej przeliczany jest na stężenie jonów srebra. Do zalet potencjometrycznej metody oznaczania stężenia Ag^+ należy zaliczyć prostotę i krótki czas wykonania pomiaru. Dostępne komercyjne elektrody jonoselektywne umożliwiają oznaczanie jonów Ag^+ w szerokim zakresie stężeń (0,11 do 107900 ppm tj. 10^{-7}- 1 mol/dm^3), pH roztworu (1-9) i temperatur (0-80°C) [104]. Dodatkową zaletą stosowania elektrod jonoselektywnych jest brak odpowiedzi wobec srebra koloidalnego, a więc możliwość bezpośredniego ich zastosowania do pomiaru stężenia srebra jonowego w suspensji nanocząstek.

1.3.2.2. Absorpcyjna spektrometria atomowa

Absorpcyjna spektrometria atomowa (ang. *Atomic Absorption Spectrometry* - AAS) jest obecnie jedną z najczęściej stosowanych technik analitycznych w oznaczaniu zawartości metali (i niektórych metaloidów) [79]. W technice AAS, podstawą ilościowego oznaczenia analitów jest pomiar intensywności promieniowania zaabsorbowanego przez wolne atomy. Znajdujące się w stanie podstawowym atomy analitu pochłaniając promieniowanie o długości fali spełniającej warunek Bohra i reguły wyboru ulegają wzbudzeniu. Zgodnie z prawem Lamberta-Beera (18), absorbancja A jest wprost proporcjonalna do stężenia analitu c:

$$A = \varepsilon c l \qquad (18)$$

gdzie:

ε – współczynnik proporcjonalności zwany molowym współczynnikiem absorpcji (dawniej nazywany molowym współczynnikiem ekstynkcji) [$dm^3 \cdot mol^{-1} \cdot cm^{-1}$]

l – długość drogi optycznej [cm]

Molowy współczynnik absorpcji jest wielkością stałą dla danego analitu i określonej długości fali. W związku z powyższym, intensywność zaabsorbowanego promieniowania jest wprost proporcjonalna do stężenia analitu.

Typowymi elementami spektrometru do absorpcyjnej spektrometrii emisyjnej są:

- źródło promieniowania
- układ wprowadzania próbki i atomizer
- monochromator
- detektor
- rejestrator

Jako źródła promieniowania stosuje się lampy z katodą wnękową lub bezelektrodowe lampy wyładowcze. Mają one jednak jedną zasadniczą wadę: umożliwiają oznaczanie tylko jednego pierwiastka. W związku z tym wprowadzono ciągłe źródła promieniowania, które znajdują zastosowanie w jednoczesnej analizie wielopierwiastkowej [105]. Głównym zadaniem atomizera jest przeprowadzenie próbki w stan wolnych atomów. W tym celu najczęściej stosowane są atomizery płomieniowe (technika – ang. *Flame Atomic Absorption Spectrometry*) lub elektrotermiczne (technika GF-AAS,– ang. *Graphite Funnel* AAS). W metodzie FAAS drobne cząstki cieczy mieszane są ze strumieniem gazu palnego (acetylen, propan-butan lub gaz świetlny) i utleniacza (tlen, powietrze lub N_2O), a następnie wprowadzane do płomienia palnika, gdzie ulegają atomizacji. W przypadku atomizerów elektrotermicznych próbka wprowadzona do kuwety grafitowej ulega osuszeniu, spopieleniu, a następnie atomizacji. Rolą monochromatora jest ograniczenie wiązki promieniowania do linii widmowej, której natężenie ma być mierzone przez detektor. Najczęściej stosowanymi monochromatorami są układy szczelin i sitaki dyfrakcyjne, a detektory stanowią fotopowielacze. Oznaczenie zawartości srebra w badanych próbkach przeprowadza się zazwyczaj przy długości fali 328,1 nm. Granica oznaczalności srebra dla techniki GF-AAS wynosi 2 $\mu g \cdot L^{-1}$ [106].

Ze względu na fakt, że technika AAS jest metodą porównawczą, przeprowadzenie pomiaru musi być poprzedzone przygotowaniem odpowiedniej krzywej kalibracyjnej. W tym celu przygotowuje się kilka roztworów wzorcowych (o znanym stężeniu oznaczanego analitu), a następnie mierzy ich absorbancję. Pozwala to na wykreślenie krzywej wzorcowej będącej zależnością absorbancji od stężenia analitu.

1.3.2.3. Optyczna spektrometria emisyjna

Optyczna spektrometria emisyjna ze wzbudzeniem w plazmie indukowanej (ang. *Inductively Coupled Plasma Optical Emission Spektrometry* - ICP-OES) jest instrumentalną techniką analizy wielopierwiastkowej umożliwiającą oznaczanie analitów pierwiastków ziem rzadkich, metali alkalicznych, metali przejściowych i metaloidów) w próbkach ciekłych, stałych i gazowych. Podstawą ilościowego oznaczania analitów w ICP-OES jest pomiar intensywności promieniowania charakterystycznego wyemitowanego z atomów lub jonów wzbudzonych w obszarze argonowej plazmy indukowanej promieniowaniem elektromagnetycznym o częstotliwości radiowej. Ciekła próbka wprowadzana jest do nebulizatora, którego zadaniem jest przeprowadzenie próbki w stan aerozolu, przy czym średnica otrzymanych kropel powinna być mniejsza niż 8 µm [107]. Powstały aerozol kierowany jest do rdzenia wysokotemperaturowej plazmy gdzie następuje odparowanie kropelek cieczy i atomizacja cząsteczek analitu. Na skutek zderzeń z atomami argonu, atomy oznaczanego pierwiastka ulegają wzbudzeniu. Zazwyczaj energia zderzeń jest na tyle wysoka, że powoduje jednoczesną jonizację atomów analitu i wzbudzenie powstałych w ten sposób jonów. Zarówno atomy, jak i jony w stanie wzbudzonym powracają do stanu podstawowego emitując foton o długości fali charakterystycznej dla danego pierwiastka, przy czym liczba powstających fotonów jest wprost proporcjonalna do ilości wzbudzonych atomów (jonów), a więc i do stężenia analitu. Oznaczanie zawartości srebra prowadzi się mierząc intensywność sygnału linii spektralnych o długości fali 328 i 338 nm. Limit detekcji wynosi w tym przypadku 1,1 $\mu g \cdot L^{-1}$, a zakres liniowości oznaczenia 1 $mg \cdot L^{-1}$ [108].

Zastosowanie metod spektrometrii absorpcyjnej i emisyjnej do pomiaru stężenia uwolnionych jonów srebra jest możliwe po wcześniejszym ich odseparowaniu od nanocząstek na przykład za pomocą filtracji membranowej.

1.3.2.4. Metody kolorymetryczne

Pomiar stężenia Ag^+ metodą spektrofotometryczną polega na przeprowadzeniu barwnej reakcji pomiędzy jonami srebra, a odczynnikiem wybarwiającym z następczym pomiarem absorbancji tak otrzymanego roztworu. Podobnie jak w przypadku absorpcyjnej spektrometrii atomowej oznaczanie stężenia jonów srebra za pomocą metod kolorymetrycznych wymaga przygotowania serii wzorców. Oznaczenia można prowadzić jedynie w zakresie stężeń, dla których spełnione jest prawo Lamberta-Beera.

Do znanych odczynników reagujących barwnie z jonami srebra należą między innymi:ditizon; 1,10-fenantrolina; 1-(2-Pirydylazo)-2-naftol; 4-(2′-pirydylazo)rezorcynol [109]. Metodę spektrofotometrycznego oznaczania jonów srebra opracował między innymi Wen [110], który wykazał, że zastosowanie ditizonu jako odczynnika wybarwiającego w połączeniu z wspomaganą ultradźwiękami dyspersyjną mikroekstrakcją ciecz-ciecz pozwala na oznaczanie srebra jonowego nawet w stężeniu poniżej 0,5 $\mu g \cdot L^{-1}$.

Bezpośrednie zastosowanie metod spektrofotometrycznych do oznaczania jonów Ag^+ w suspensjach nanocząstek srebra wydaje się być utrudnione ze względu na intensywną barwę zolu. Metoda pozwalająca na bezpośrednie oznaczenie stężenia srebra jonowego w obecności nanocząstek została przedstawiona przez Béjar [111]. W środowisku kwaśnym (pH 4) 3,3′,5,5′-tetrametylobenzydyna reagując z jonami srebra ulega utlenieniu, przy czym obserwuje się zmianę barwy suspensji z blado-żółtej na niebieską. Jak wykazano, pomiar absorbancji roztworu przy długości fali λ=656 nm pozwolił na ilościowe oznaczenie jonów srebra zarówno w obecności jak i braku nanocząstek w zakresie stężeń 0,6-15 $mg \cdot L^{-1}$.

Zastosowanie jednej z wyżej opisanych metod analitycznych umożliwia dokładniejsze zbadanie kinetyki procesu uwalniania srebra jonowego z powierzchni nanocząstek.

1.3.3. Mechanizm i kinetyka procesu

W roztworach wodnych, nie zawierających utleniaczy innych niż tlen cząsteczkowy roztwarzanie nanocząstek srebra przebiega zgodnie z następującą stechiometrią (XIII):

$$Ag_{(s)} + \frac{1}{2}O_2 + 2H^+ \longrightarrow 2Ag^+ + H_2O \qquad \text{(XIII)}$$

Proces roztwarzania nanocząstek zachodzi wieloetapowo [112]. Uwalnianie srebra jonowego inicjowane jest utlenieniem powierzchni metalicznego srebra do Ag_2O (XVI):

$$2Ag^0 + \frac{1}{2}O_2 \longrightarrow Ag_2O \qquad \text{(XVI)}$$

Etap ten uważa się za limitujący ogólną szybkość procesu [112]. Powstała w ten sposób warstewka tlenku srebra(I) mająca grubość 1-2 warstw atomowych [113] ulega dalszemu roztwarzaniu:

$$Ag_2O + 2H^+ \longrightarrow 2Ag^+ + H_2O \qquad (VII)$$

Roztwarzanie warstewki Ag_2O zachodzi aż do momentu jej zaniku, po czym następuje utlenienie kolejnych, powierzchniowych atomów srebra i tym samym kontynuacja procesu. Protony w reakcji (17) mogą pochodzić zarówno z dysocjacji wody jak i kwasu. W przypadku wody tworzą się powierzchniowe grupy hydroksylowe (Ag-OH), które w środowisku kwaśnym ulegają protonowaniu do form Ag-OH_2. Protonowanie skutkuje osłabianiem i „rozluźnianiem" wiązań Ag-O, w rezultacie dochodzi do ich zerwania i uwolnienia srebra jonowego [114].

Zhang [115] zaproponował następujący model kinetyczny procesu (8) :

$$\frac{d[Ag^+]}{dt} = k \cdot C_{AgNP} \cdot [O_2]^{0,5} \cdot [H^+]^2 \qquad (8)$$

Stałą szybkości reakcji *k* można zapisać jako (9):

$$k = k_0 \exp\left(\frac{-E_a}{k_B T}\right) \qquad (9)$$

Natomiast czynnik częstości zderzeń k_0 określa równianie (10):

$$k_0 = \pi\sigma_{AB}^2 \left(\frac{8\pi k_B T}{\mu_{AB}}\right)^{0,5} N_A \qquad (10)$$

$$\mu_{AB} = \frac{m_A m_B}{m_A + m_B} \qquad (11)$$

$$\sigma_{AB} = \sigma_A + \sigma_B \qquad (12)$$

μ_{AB} oznacza molową masę zredukowaną [g·mol^{-1}], natomiast σ_A i σ_B kolejno promienie nanocząstki srebra i protonu/cząsteczki tlenu. Biorąc pod uwagę fakt, że promień protonu/cząsteczki tlenu jest znacznie mniejszy niż promień nanocząstki, sumę σ_{AB} można zastąpić promieniem cząstki r. Uwzględniając powyższe założenia i łącząc równania (10) i (8) otrzymuje się równanie (13):

$$\frac{d[Ag^+]}{dt} = \pi r^2 \left(\frac{8\pi k_B T}{\mu_{AB}}\right)^{0,5} N_A \exp\left(\frac{-E_a}{k_B T}\right) \cdot [AgNP] \cdot [O_2]^{0,5} \cdot [H^+]^2 \tag{13}$$

Stężenie molowe nanocząstek srebra [AgNP] może być wyrażone jako stężenie masowe:

$$[AgNP] = \frac{[Ag]}{N_A \rho_{Ag} \frac{4}{3} \pi r^3} \tag{14}$$

Po uwzględnieniu równania (14) otrzymuje się finalnie równanie (15) opisujące szybkość uwalniania jonów srebra:

$$\frac{d[Ag^+]}{dt} = \frac{3}{4}\left(\frac{8\pi k_B T}{\mu_{AB}}\right)^{0,5} \rho^{-1} \exp\left(\frac{-E_a}{k_B T}\right) \cdot [Ag] \cdot [O_2]^{0,5} \cdot [H^+]^2 \cdot r^{-1} \tag{15}$$

1.3.4. Wpływ parametrów na przebieg procesu uwalniania srebra jonowego

Analizując wzór (15) można spodziewać się, że szybkość uwalniania jonów srebra z powierzchni nanocząstęk będzie rosnąć monotonicznie wraz ze wzrostem [Ag^+], [O_2] oraz [H^+]. Znaczący wpływ na wartość $\frac{d[Ag^+]}{dt}$ powinna wywierać również temperatura procesu.

1.3.4.1. pH

Analizując równanie (15) można wywnioskować, że roztwarzanie nanocząstek srebra w roztworach o niższym pH będzie zachodzić szybciej. Przypuszczenia te zostały potwierdzone doświadczalnie m. in. przez Liu [112]. Przedmiotem badań były stabilizowane jonami cytrynianowymi nanocząstki srebra o średnicy 4,8 nm, a pH suspensji (o stężeniu 40 $mg \cdot L^{-1}$) regulowano za pomocą roztworów buforowych (octanowy dla suspensji o pH 4,5 i 5,6 oraz boranowy dla suspensji o pH 7,4; 8 i 9). W wyniku przeprowadzonego doświadczenia wykazano, że w czasie jednej doby ilość uwolnionych jonów srebra wzrasta sześciokrotnie wraz ze zmniejszeniem wartości pH z 8 do 4.

Badania nad uwalnianiem jonów srebra były również przedmiotem zainteresowania Peretyazhko [114]. Eksperyment polegający na pomiarze ilości jonów srebra uwolnionych z nanocząstek (o średnicach 6; 9; 13; 70 nm) stabilizowanych modyfikowanym grupami tiolowymi metoksy-poli(glikolem etylenowym) - PEGSH został przeprowadzony dla ultraczystej wody destylowanej (pH 7) i roztworu kwasu octowego (pH 3). Wyjściowe stężenie suspensji było równe 8 $mg \cdot L^{-1}$. Zgodnie z przewidywaniami, w przypadku zastosowania jako medium reakcji kwasu octowego, proces uwalniania srebra jonowego przebiegał szybciej dla wszystkich badanych rozmiarów.

Pennell [116] w badaniach dotyczących zależności ruchliwości elektroforetycznej nanocząstek srebra od stężenia tlenu rozpuszczonego oraz pH roztworu podjął również problem uwalniania srebra jonowego. Cząstki zostały zsyntezowane wzorując się na sposobie opisanym przez Liu i Hurta [112], z tym, że otrzymano suspensję nanocząstek o stężeniu 16 $mg \cdot L^{-1}$ i rozmiarze 11 nm. Proces uwalniania srebra jonowego prowadzony był w kontrolowanych warunkach pH (4 lub 7) i stężenia tlenu rozpuszczonego (9; 2 lub 0,2 $mg \cdot L^{-1}$). Wykazano, że nanocząstki srebra nie wykazują trwałości w przypadku obecności jonów wodorowych w roztworze nawet wtedy, gdy stężenie tlenu rozpuszczonego jest relatywnie niskie ($<0,2$ $mg \cdot L^{-1}$). Analogicznie jak w przypadku Liu i Hurta, Pennel zaobserwował znaczny wzrost ilości uwolnionego srebra jonowego przy zwiększeniu stężenia jonów wodorowych.

Do zupełnie odmiennych wniosków dotyczących wpływu pH na roztwarzanie doprowadziły badania przeprowadzone przez grupę Radnieckiego [117]. W opracowaniu dotyczącym toksyczności nanocząstek srebra (średnica 20 nm, stabilizowane cytrynianami) zauważono, że wzrost pH (regulowanego za pomocą siarczanu(VI) amonu - $(NH_4)_2SO_4$) z początkowej wartości 5,5 do 9,3 powoduje blisko siedmiokrotny wzrost szybkości uwalniania jonów Ag^+. Radniecki tłumaczy ten fakt wzrostem stężenia wolnego amoniaku w roztworze wraz ze wzrostem pH i tworzeniem rozpuszczalnych kompleksów aminasrebra i diaminasrebra oraz przesuwaniem położenia stanu równowagi procesu utleniania nanocząstek.

Na podstawie powyższych informacji należy wnioskować, że wpływ pH na uwalniane srebra jonowego może być zupełnie inny od przewidywanego modelem kinetycznym, szczególnie w przypadkach, gdy zmianie pH suspensji towarzyszy zmiana stężeń innych jonów wykazujących reaktywność wobec srebra metalicznego czy też jonowego. Przykładowo, jak wykazał Radniecki [117] możliwe jest powstawanie rozpuszczalnych kompleksów jonów srebra. Natomiast regulowanie pH suspensji za pomocą kwasu solnego – HCl może prowadzić do powstawania na powierzchni nanocząstki nierozpuszczalnej warstewki chlorku srebra, zapobiegającej dalszemu procesowi utleniania.

1.3.4.2. Rozmiar cząstek

Liczne badania wykazały, że szybkość uwalniania jonów srebra z powierzchni nanocząstek wzrasta wraz ze zmniejszaniem się ich rozmiaru. Cząstki o mniejszej średnicy posiadają znacznie większą powierzchnię właściwą, a w związku z tym większa liczbę powierzchniowych atomów metalicznego srebra mogących ulegać utlenianiu i następczemu procesowi roztwarzania powstałej w ten sposób warstewki Ag_2O. Badania zarówno teoretyczne jak i eksperymentalne wykazały, że wraz ze zmniejszaniem rozmiaru cząstek zmniejszeniu ulega ich potencjał oksydacyjnoredukcyjny. Oznacza to, że materiał o większym rozdrobnieniu będzie mniej stabilny termodynamicznie niż cząstki tego samego materiału o większych rozmiarach. Spadek wartości potencjału oksydacyjno-redukcyjnego nanocząstek srebra wraz ze spadkiem ich rozmiaru wiąże się bezpośrednio ze zwiększeniem się wartości energii powierzchniowej wraz ze wzrostem powierzchni właściwej [118]. Wzrost reaktywności mniejszych nanocząstek może być tłumaczony również dużą liczbą posiadanych przez nie krawędzi, rogów i defektów powierzchniowych [115].

We wspomnianych wcześniej badaniach [114] Peretyazhko wykazała, że przebieg procesu uwalniania srebra jonowego w wodzie destylowanej silnie zależy od rozmiaru nanocząstek. W przypadku kulistych, stabilizowanych PEGSH sferycznych nanocząstek o średnicy 6 i 9 nm proces roztwarzania zatrzymał się po upływie dwóch dni, natomiast dla cząstek o średnicy 13 nm po trzech dniach. Dla cząstek o średnicy 70 nm nie zaobserwowano zmian stężenia jonów Ag^+ w przeciągu 80 dni.

Zhang wraz ze współpracownikami przeprowadził badania [115] dotyczące wpływu rozmiaru nanocząstek srebra na kinetykę uwalniania jonów. Sferyczne nanocząstki o trzech różnych rozmiarach (20 nm, 40 nm i 80 nm), stabilizowane jonami cytrynianowymi, zostały rozdyspergowane w pożywce Hoaglanda (popularny roztwór stosowany w hodowli roślin). Początkowe stężenia suspensji nanocząstek srebra były równe 300 i 600 $\mu g \cdot L^{-1}$. Inne parametry mające wpływ na przebieg procesu uwalniania jonów takie jak pH i stężenie tlenu rozpuszczonego pozostały stałe i wynosiły kolejno 5,6 i 7,8 $mg \cdot L^{-1}$. Zgodnie z przewidywaniami i wyprowadzonym wyżej modelem kinetycznym zaobserwowano, że nanocząstki o większych średnicach roztwarzały się znacznie wolniej. Co więcej w wyniku przeprowadzonych eksperymentów udowodniono, że równowagowe (końcowe) stężenie jonów Ag^+ zależne jest od rozmiaru cząstek i początkowego ich stężenia. Autorzy tłumaczą ten fakt różnicą we właściwościach termodynamicznych nanocząstek w porównaniu z materiałem litym, a ściślej różnicą pomiędzy powierzchnią właściwą i molową entalpią tworzenia. Zależność pomiędzy rozpuszczalnością S_r cząstki o promieniu r określa modyfikacja równania Kelvina zaproponowana przez Ostwalda i Freundlicha:

$$S_r = S_B \cdot \exp\left(\frac{2\gamma V_m}{RTr}\right) \qquad (16)$$

gdzie:

S_B – rozpuszczalność srebra o płaskiej powierzchni

γ – napięcie międzyfazowe na granicy faz cząstka – medium dyspersyjne [$J \cdot m^{-2}$]

V_m – objętość molowa cząstek [$m^3 \cdot mol^{-1}$]

Równanie jest słuszne dla przypadków, gdy napięcie międzyfazowe cząstka – medium dyspersyjne nie jest funkcją rozmiaru cząstki [119].

Rozpuszczalność nanoczastek srebra o różnych rozmiarach (5-50 nm) i właściwościach powierzchniowych była przedmiotem prac badawczych Ma [119]. Badaniu poddano nanocząstki stabilizowane poli(winylopiroldonem) (PVP) i kwasem taninowym, a medium reakcji stanowił roztwór $NaHCO_3$ (pH 8). Otrzymane rezultaty były zgodne z wcześniejszymi obserwacjami Zhanga [115], Kitlera [120] i Liu [112]. Ma sprawdził również stosowalność równania Ostwalda-Freundlicha w odniesieniu do badanych cząstek srebra. Okazało się, że równanie bardzo dobrze nadaje się do opisu wodnych suspensji nanocząstek srebra w zakresie badanych rozmiarów. Wartość napięcia międzyfazowego wyznaczona z nachylenia funkcji $\ln\left(\frac{S}{S_B}\right) = f\left(\frac{1}{r}\right)$ wyniosła ok. 1 $J \cdot m^{-2}$.

1.3.4.3. Temperatura

Z wyprowadzonego wyżej modelu kinetycznego wynika, że wzrost temperatury powinien wywierać znaczący wpływ na przebieg procesu uwalniania srebra jonowego.

Badania Kittlera [120] wykazały, że ilość uwolnionego srebra jonowego w stosunku do początkowej jego ilości dla stabilizowanych za pomocą PVP nanocząstek o rozmiarze 50 nm i stężeniu 0,05 $g \cdot L^{-1}$ wzrasta z początkowej wartości 11% dla procesu prowadzonego w temperaturze 5°C przez 43% dla 25°C do 66% w przypadku 37 °C. Wpływ temperatury na proces roztwarzania stabilizowanych cytrynianami nanocząstek srebra o średnicy 4,8 nm został zbadany przez Liu [112]. Jako przedmiot badań została wybrana suspensja o stężeniu 0,05 $mg \cdot L^{-1}$, pH roztworu było równe 5,68 a stężenie tlenu rozpuszczonego wynosiło 9,1 $mg \cdot L^{-1}$. Przeprowadzone eksperymenty wykazały, że ilość uwolnionego srebra jonowego wzrasta ok. trzykrotnie przy wzroście temperatury od 4 do 37°C.

1.3.4.4. Kształt i krystaliczność cząstek

Zarówno krystaliczność jak i kształt nanocząstek srebra mogą w znaczący sposób wpływać na ich reaktywność wobec czynników utleniających. Cząstki o kształtach mających wiele krawędzi i rogów (np. pryzmatyczne) roztwarzają się szybciej niż sferyczne czy nanorurki [60]. Co więcej, zaobserwowano, że roztwarzanie cząstek o kształtach nieregularnych (innych niż sferyczne) zachodzi w dużej mierze w miejscach o małej krzywiźnie [121].

Badania [122] wykazały również że, polikrystaliczne nanocząstki srebra o średnicy 20-80 nm, w środowisku zawierającym jony chlorkowe (0,22 mM) roztwarzają się znacznie szybciej od tych monokrystalicznych. Fakt ten można tłumaczyć istnieniem wysokoenergetycznych defektów strukturalnych, które wykazują zwiększoną aktywność chemiczną.

1.3.4.5. Siła jonowa

Siła jonowa *I*, będąca miarą natężenia pola elektrycznego utworzonego przez jony w roztworze elektrolitu definiowana jest wzorem (17):

$$I = \frac{1}{2}\sum_{i=1}^{n} c_i z_i^2 \tag{17}$$

gdzie:

c_i, z_i - kolejno stężenie i ładunek *i*-tego jonu obecnego w roztworze

Wpływ siły jonowej na proces uwalniania srebra jonowego z powierzchni nanocząstek srebra jest złożony. Zgodnie z informacjami przedstawionymi w literaturze przez Liu [112] oraz Zhanga [115], siła jonowa w zauważalny sposób wpływa na kinetykę roztwarzania nanocząstek srebra, przy czym wpływ ten jest pośredni. Wzrost siły jonowej powoduje zmniejszenie grubości podwójnej warstwy elektrycznej, sprzyja zatem procesom agregacji nanocząstek. Powstałe w ten sposób agregaty mają większy rozmiar (mniejszą powierzchnię właściwą) w związku z tym, jak wykazano w p. 1.3.4.2. roztwarzają się wolniej od pojedynczych nanocząstek.

Z drugiej jednak strony wzrost stężenia elektrolitów w suspensji powoduje zmniejszenie rozpuszczalności tlenu w medium dyspersyjnym. Należy się więc spodziewać, że wpływ siły jonowej na proces uwalniania jonów jest co najmniej dwojaki.

Chambers [123] badał wpływ siły jonowej na szybkość procesu roztwarzania, morfologię oraz aktywność przeciwbakteryjną sferycznych, stabilizowanych kwasem merkaptobursztynowym nanocząstek srebra (o średnicy 2,9 nm). W wyniku przeprowadzonych eksperymentów wykazano, że wzrost siły jonowej (regulowanej za pomocą azotanu(V) sodu) z wartości 8,3 mM do 154 mM nie wpływa znacząco na ilość uwolnionego srebra w ciągu pierwszych pięciu godzin. Niestety autor nie opisuje zachowania badanych suspensji po upływie wskazanego czasu.

1.3.4.6. Skład ośrodka dyspersyjnego

Dostępne dane literaturowe jednoznacznie wskazują, że rodzaj i stężenie jonów obecnych w roztworze w znaczny sposób wpływają na proces roztwarzania nanocząstek srebra. Jest to widoczne szczególnie w przypadku anionów takich jak chlorkowe (Cl^-); siarczkowe (S^{2-}); bromkowe (Br^-). Według Hengleina [124] koordynacja nukleofila do powierzchni nanocząstki srebra powoduje częściowe utlenienie atomu srebra. Powstaje w ten sposób nadmiarowa gęstość elektronowa, która powoduje obniżenie wartości potencjału oksydacyjno-redukcyjnego nanocząstki, co przekłada się na zmniejszenie wartości bariery energetycznej procesu utleniania. Utleniacz (jak np. tlen cząsteczkowy O_2) będący ostatecznym akceptorem elektronów powoduje zmniejszenie gęstości elektronowej na powierzchni cząstki i uwolnienie kompleksu liganda z jonem srebra.

W sytuacji, gdy utworzony kompleks Ag^+-ligand jest nierozpuszczalny proces uwalniania srebra jonowego może zostać znacznie zwolniony lub nawet całkowicie zahamowany. Henglein [124] badał zachowanie nanocząstek srebra w środowisku zawierającym jony HS^- i tlen. Przeprowadzona analiza spektroskopowa wykazała tworzenie inhibitującej dalsze uwalnianie jonów powierzchniowej warstewki Ag_2S. Obserwacje te znajdują swoje potwierdzenie w badaniach Levarda [125], który zauważył również, że ilość tworzonej warstewki siarczku srebra zależy od stosunku Ag/S^{2-}. W przypadku, gdy stosunek ten był mniejszy niż 1, badania rentgenowskie nie wykazały obecności wolnego srebra.

Jony chlorkowe, ze względu na powszechność występowania w naturalnych systemach wodnych i pożywkach bakteryjnych, należą do ligandów najczęściej badanych pod kątem wpływu na przebieg procesu uwalniania srebra jonowego i toksyczności względem mikroorganizmów. Jak zauważył w swojej pracy Liu [126], stabilność nanocząstek srebra silnie zależy od obecności jonów Cl^-. W innych badaniach (prowadzonych w temp. pokojowej), Ho [127] wykazał, że dla niskich wartości stosunków stężeń Cl^-/AgNP jony chlorkowe mogą w sposób całkowity zahamować proces roztwarzania nanocząstek srebra. Można spodziewać się również, że znaczne zwiększenie stężenia jonów Cl^- powodować będzie wzrost rozpuszczalności cząstek przez tworzenie rozpuszczalnych kompleksów o wzorze ogólnym $AgCl_n^{(n-1)-}$ gdzie n wynosi od 1 do 4. Próba usystematyzowania wiedzy na temat wpływu stosunku stężeń Cl^-/AgNP na uwalnianie jonów została podjęta przez Levarda [128]. W celu wyjaśnienia zjawiska badaniu zostały poddane suspensje nanocząstek srebra o stałym stężeniu AgNP wynoszącym $2 \cdot 10^{-5}$ M zmiennej ilości jonów chlorkowych. Stosunek stężeń molowych Cl^-/AgNP wynosił w tym doświadczeniu od 5 do 26750. Równolegle została przeprowadzona próba kontrolna, dla której medium dyspersyjne stanowiła woda dejonizowana. W wyniku przeprowadzonych doświadczeń wykazano, że jony chlorkowe wykazują działanie inhibitujące uwalnianie srebra jonowego jedynie w pewnym zakresie stężeń, co zgodne jest z przewidywaniami teoretycznymi (obliczenia dotyczące równowagi Ag^+/Cl^-, przeprowadzone przez Liu [126]). W celu dokładniejszego wyjaśnienia przebiegu procesu zostały wykonane bardziej szczegółowe badania obejmujące początkowe stadium procesu. Dla niskich wartości stosunku Cl^-/AgNP ($\leq$ 535) uwalnianie jonów ma początkowo przebieg logarytmiczny co może być interpretowane jako stan przejściowy, podczas którego na powierzchni nanocząstek dochodzi to tworzenia się warstwy AgCl aż do momentu osiągnięcia stanu równowagi z procesem roztwarzania. Samo osadzanie AgCl może przebiegać na dwa sposoby: przez strącanie się osadu na powierzchni cząstki oraz adsorpcję znacznie mniejszych, powstałych w roztworze cząstek AgCl. Czas trwania tego stanu przejściowego maleje wraz ze wzrostem stosunku Cl^-/AgNP. Dla wysokich stężeń jonów chlorkowych odpowiadających wartości Cl^-/AgNP 26750 nie obserwuje się istnienia stanu przejściowego. Autorzy tłumaczą ten fakt tworzeniem rozpuszczalnych form srebra, które katalizują roztwarzanie powstałej w wyniku procesu utleniania warstewki Ag_2O. Wykazano również brak zauważalnego wpływu agregacji cząstek na proces uwalniania jonów w warunkach prowadzenia przytoczonych eksperymentów.

1.3.5. Agregacja cząstek a uwalnianie srebra jonowego

Mając na uwadze fakt, że procesy agregacji i roztwarzania nanocząstek srebra zachodzą równolegle, wielu autorów podejmując badania nad jednym z tych zagadnień bierze pod uwagę również wpływ drugiego z nich. Zgodnie z informacjami przedstawionymi powyżej, wzrost rozmiaru cząstek w prowadzi do zmniejszenia ich reaktywności, zatem agregacja powinna wywierać hamujący wpływ na proces uwalniania srebra jonowego.

Jedną z publikacji podejmującą ten problem są przytoczone wcześniej badania Zhanga [115]. Badania z zastosowaniem metody DLS wykazały, że średnica hydrodynamiczna cząstek wzrasta z początkowej wartości 20 nm do nawet 3 μm w przypadku niskich stężeń tlenu rozpuszczonego. Jednocześnie obserwuje się wzrost współczynnika polidyspersji. W przypadku wyższych stężeń tlenu rozpuszczonego wzrost nanocząstek w wyniku agregacji jest wolniejszy, głównie za sprawą szybszego przebiegu procesu uwalniania Ag^{+}.

Jak wskazuje Zhang, korelacja pomiędzy pierwszorzędowym, teoretycznym modelem kinetycznym a danymi doświadczalnymi w miarę upływu czasu zmniejsza się. Powodem tego jest uproszczenie zakładające, że wszystkie cząstki mają jednakowy rozmiar przez cały czas trwania procesu utleniania.

Kittler [120] zauważył, że uwalnianie srebra jonowego z powierzchni nanocząstek stabilizowanych za pomocą PVP zachodzi szybciej niż dla cząstek stabilizowanych cytrynianami, nie podał jednak wytłumaczenia tego zjawiska. Stabilizacja cząstek za pomocą PVP jest bardziej efektywna [129], tak więc powodem mniejszej reaktywności cząstek stabilizowanych cytrynianami może być fakt ich szybszej agregacji. Częściowym potwierdzeniem tej tezy są badania Ho [127], w których zaobserwowano spadek szybkości uwalniania jonów srebra ze stabilizowanych cytrynianem cząstek po dodatku pewnych ilości PVP.

Agregację i roztwarzanie cząstek można również traktować jako dwa kompetencyjne, zależne od początkowego stężenia i rozmiaru cząstek procesy przebiegające do osiągnięcia stanu „pseudorównowagi". Dla wyższych stężeń nanocząstek zwiększona częstotliwość zderzeń powoduje szybszą ich agregację i zmniejszenie stałej szybkości reakcji utleniania [130]. Położenie stanu pseudorównowagi może być funkcją ilości jonów srebra, które zostały uwolnione zanim agregacja stała się na tyle istotna, że praktycznie w całkowity sposób zahamowała przebieg procesu roztwarzania. Duże, gęsto upakowane agregaty, wykazujące zmniejszoną wartość powierzchni właściwej znacznie bardziej limitują transport reagentów do miejsc reakcji niż małe, dostępne dla tlenu i protonów nanocząstki. Wykazano, że kształt, rozmiar, rodzaj stabilizatora i skład medium dyspersyjnego w znaczny sposób wpływają na szybkość procesu agregacji, kształt i strukturę agregatów, w związku z tym wpływ procesu agregacji na przebieg roztwarzania może być w pewnych przypadkach większy niż w innych. Efekty te są szczególnie widoczne w roztworach o dużej sile jonowej [131].

1.3.6. Podsumowanie

Mimo istnienia licznych publikacji dotyczących wpływu poszczególnych parametrów na szybkość uwalniania jonów srebra, problem ten nie został w pełni opisany.

Autorzy skupiają się najczęściej na opisie wpływu jednego z parametrów, przy czym przedmiot badań stanowią najczęściej cząstki stabilizowane jonami cytrynianowymi.

Poza nielicznymi publikacjami praktycznie brak jest danych literaturowych dotyczących reaktywności nanocząstek srebra o zbliżonym rozmiarze, ale różnych właściwościach powierzchniowym w warunkach kontrolowanych. W Tabeli 1 zestawiono dostępne w literaturze wyniki badania procesu uwalniania srebra jonowego.

Tabela 1. Zestawienie dostępnych w literaturze wyników badania procesu uwalniania srebra jonowego

Stabilizator	Średnica hydrodynamiczna cząstek [nm]	Stężenie srebra [mg·L^{-1}]	Temperatura [^{o}C]	Medium dyspersyjne	Czas procesu [h]	Stopień roztworzenia [%]	Metoda oznaczania Ag^+	Lit.
Cytrynian trisodu	85	320	25	Woda	336	15	AAS	[120]
	85	140			410	12		
	85	320	37		307	56		
	85	140			444	53		
	4,8	2	20	Woda destylowana nasycona O_2 (9,1 mg·L^{-1}) pH 5,68	3000	~100	GF-AAS	[112]
	4,8	0,2			240	~100		
	4,8	0,05			120	~100		
	4,8	0,05	4		120	36		
	4,8	0,05	37		120	96		
PVP	50	220	5	Woda	411	9	GF-AAS	[127]
	50	100	5		149	8		
	50	50	5		149	12		
	50	350	25		134	48		

Tabela 1 Zestawienie dostępnych w literaturze wyników badania procesu uwalniania srebra jonowego - c. d.

Stabilizator	Średnica hydrodynamiczna cząstek [nm]	Stężenie srebra [$mg \cdot L^{-1}$]	Temperatura [^oC]	Medium dyspersyjne	Czas procesu [h]	Stopień roztworzenia [%]	Metoda oznaczania Ag^+	Lit.
PVP	50	100	25	Woda	81	52	GF-AAS	[127]
	50	50	25		42	43		
	50	350	37		27	52		
	50	100			27	89		
	50	50			11	68		
Cytrynian trisodu	4,8	0,05		Woda morska, pH 7,9	192	38	GF-AAS	[112]
	20	0,3		Medium Hoaglanda 7,8 $mg \cdot L^{-1}$ O_2 pH 5,6	336	40	ICP-MS	[115]
	20	0,6				29		
	40	0,3				21		
	40	0,6				20		
	80	0,3				10		
	80	0,6				8		

Tabela 1 Zestawienie dostępnych w literaturze wyników badania procesu uwalniania srebra jonowego - c. d.

Stabilizator	Średnica hydrodynamiczna cząstek [nm]	Stężenie srebra [$mg \cdot L^{-1}$]	Temperatura [^oC]	Medium dyspersyjne	Czas procesu [h]	Stopień roztworzenia [%]	Metoda oznaczania Ag^+	Lit.
Cytrynian trisodu	39	1000	37	0,01M $NaNO_3$ pH 7	720	1,9	ICP	[125]
PVP modyfiko-wany grupami tiolowymi	39	1000				~0		
Cytrynian trisodu	4,8	0,2	25	Bufor octanowy (pH 5,6)	24	15	GF-AAS	[126]
				Bufor octanowy (pH 5,6) 0,4 mM Na_2S		< 1		

Tabela 1 Zestawienie dostępnych w literaturze wyników badania procesu uwalniania srebra jonowego - c. d.

Stabilizator	Średnica hydrodynamiczna cząstek [nm]	Stężenie srebra [$mg \cdot L^{-1}$]	Temperatura [^{o}C]	Medium dyspersyjne	Czas procesu [h]	Stopień roztworzenia [%]	Metoda oznaczania Ag^{+}	Lit.
Cytrynian trisodu	4,8	5	25	Typowa pożywka bakteryjna	22	75	GF-AAS	[126]
PVP	4-5	5	37	Syntetyczny kwas żołądkowy (pH 1,1)	24	98	Uv-Vis/ GF-AAS	[132]
				Płyn pseudopoza komórkowy (pH 7,5)		80		
Cytrynian trisodu	11	16	25	Woda destylowana pH 4, 9 $mg \cdot L^{-1}$ O_2	50	~1,6	ICP-OES	[116]

Tabela 1 - Zestawienie dostępnych w literaturze wyników badania procesu uwalniania srebra jonowego - c. d.

Stabilizator	Średnica hydrodynamiczna cząstek [nm]	Stężenie srebra [$mg \cdot L^{-1}$]	Temperatura [^oC]	Medium dyspersyjne	Czas procesu [h]	Stopień roztworzenia [%]	Metoda oznaczania Ag^+	Lit.
Cytrynian trisodu	11	16	25	Woda destylowana pH 4, 2 $mg \cdot L^{-1}$ O_2	50	~0,75	ICP-OES	[116]
				Woda destylowana pH 4, 0,2 $mg \cdot L^{-1}$ O_2		~0,4		
	20	1	25	2,5 mM $(NH_4)_2SO_4$, pH 5,5	3	7	UV-Vis	[117]
				2,5 mM $(NH_4)_2SO_4$, pH 7,8		34		

Tabela 1 - Zestawienie dostępnych w literaturze wyników badania procesu uwalniania srebra jonowego - c. d.

Stabilizator	Średnica hydrodynamiczna cząstek [nm]	Stężenie srebra [$mg \cdot L^{-1}$]	Temperatura [°C]	Medium dyspersyjne	Czas procesu [h]	Stopień roztworzenia [%]	Metoda oznaczania Ag^+	Lit.
Cytrynian trisodu	20	1	25	2,5 mM $(NH_4)_2SO_4$, pH 9,3	3	45	UV-Vis	[117]
Kwas taninowy	6	5	20	Woda destylowana 1 mM $NaHCO_3$ pH 8 8,6 $mg \cdot L^{-1}$ O_2	3 mies.	51	GF-AAS	[119]
	25					5,8		
PVP	5					62,9		
	8					14,5		
	25					6		
	38					4,1		

2. Cel i zakres pracy

Mimo istnienia licznych prac dotyczących uwalniania srebra jonowego z powierzchni nanocząstek, analiza dostępnych danych literaturowych jasno wskazuje, że proces ten nie został w pełni poznany. W doniesieniach naukowych brakuje badań dotyczących wpływu rodzaju zaadsorbowanego stabilizatora na przebieg procesu uwalniania srebra jonowego. Poza nielicznymi przypadkami, autorzy nie podejmują również problemu zmiany kształtu i morfologii cząstek podczas roztwarzania. Unikatowe właściwości nanocząstek srebra, czynią je obiecującym materiałem wykazującym szeroki wachlarz zastosowań w wielu dziedzinach nauki i przemysłu. Przykładowo, ze względu na swoje właściwości antybakteryjne nanocząstki srebra znajdują zastosowanie w kosmetyce oraz w przemyśle tekstylnym. Z kolei właściwości optyczne nanocząstek srebra czynią je obiecującym materiałem stosowanym w diagnostyce medycznej (nieinwazyjne wykrywanie zmian nowotworowych za pomocą SERS). Co więcej, nanocząstki srebra charakteryzują się aktywnością katalityczną w różnorodnych procesach chemicznych, głównie utleniania-redukcji. Jednym z kluczowych czynników determinujących przydatność nanomateriału w odniesieniu do zastosowań aplikacyjnych jest jego stabilność. Z tego względu podjęto próbę poszerzenia wiedzy na temat wpływu właściwości powierzchniowych (rodzaju zaadsorbowanego stabilizatora) na przebieg procesu uwalniania srebra jonowego z powierzchni nanocząstek.

Mając na uwadze, że struktura indywiduum chemicznego determinuje jego właściwości fizykochemiczne, wysunięto hipotezę, że różnice we właściwościach stabilizatorów, wynikające z ich odmiennej struktury chemicznej przekładają się bezpośrednio na reaktywność nanocząstek srebra wobec wielu czynników, w tym utleniających. Wobec tego, założono, że wybór stabilizatora będzie wpływał tym samym na kinetykę procesu oksydacyjnego roztwarzania.

W związku z powyższym, głównym celem niniejszej pracy dyplomowej było określenie, czy właściwości powierzchniowe, a w szczególności rodzaj zaadsorbowanego stabilizatora mają istotny wpływ na proces uwalniania srebra jonowego z powierzchni nanocząstek o zbliżonej wielkości średniej. Realizacja głównego celu pracy wymagała przeprowadzenia szeregu badań dodatkowych, a w szczególności:

- opracowania preparatyki suspensji srebra o zbliżonej wielkości średniej nanocząstek (rozkładzie wielkości) z zastosowaniem metody redukcji chemicznej przy pomocy wybranych, małocząsteczkowych związków organicznych i nieorganicznych,
- wyznaczenia rozkładu wielkości otrzymanych nanocząstek srebra metodami TEM i DLS
- określenia stabilności otrzymanych nanocząstek w warunkach kontrolowanej temperatury, pH, siły jonowej i stężenia tlenu rozpuszczonego
- określenia właściwości elektrokinetycznych badanych układów koloidalnych
- wyznaczenia i porównania kinetyk uwalania jonów z powierzchni badanych nanocząstek stosując technikę AAS (zbadania wpływu pH, stężenia suspensji i temperatury na przebieg procesu uwalniania).

Dodatkowym celem niniejszej pracy było również porównanie dwóch metod oznaczania stężenia oczyszczonych suspensji nanocząstek srebra – metody opartej na pomiarze gęstości suspensji za pomocą densytometru oraz atomowej spektrometrii absorpcyjnej.

Celem pracy było również określenie przydatności metody UV-Vis do oznaczania zmian stężenia srebra koloidalnego w miarę przebiegu procesu uwalniania jonów srebra.

3. Część doświadczalna

3.1 Materiały i odczynniki

W przeprowadzonych pracach doświadczalnych zastosowano następujące odczynniki chemiczne:

- W syntezach suspensji nanocząstek srebra:
  - azotan(V) srebra ($AgNO_3$) - Avantor Performance Materials Poland S.A,
  - borowodorek sodu ($NaBH_4$) - Sigma Aldrich,
  - cytrynian trisodu ($C_6H_5Na_3O_7{\cdot}2H_2O$) - Sigma Aldrich,
  - heksametafosforan(V) sodu ($(NaPO_3)_6$) - Sigma Aldrich,
  - D-(+)-glukoza ($C_6H_{12}O_6$) - Sigma Aldrich,
  - chlorowodorek hydroksyloaminy ($NH_2OH{\cdot}HCl$) - Avantor Performance Materials Poland S.A,
  - amoniak (25% roztwór) - Avantor Performance Materials Poland S.A,
  - kwas taninowy ($C_{76}H_{52}O_{46}$) - Sigma Aldrich,
  - fosfinian sodu ($NaH_2PO_2{\cdot}H2O$) - Sigma Aldrich,
  - wodorotlenek sodu (NaOH) - Avantor Performance Materials Poland S.A,
- W celu ustalenia wartości siły jonowej i pH roztworów :
  - chlorek sodu (NaCl) - Avantor Performance Materials Poland S.A,
  - azotan(V) sodu ($NaNO_3$) - Avantor Performance Materials Poland S.A,
  - kwas azotowy(V) (HNO_3) – Avantor Performance Materials Poland S.A,
  - kwas siarkowy(VI) – Avantor Performance Materials Poland S.A,
- W celu roztworzenia nanocząstek srebra:
  - kwas azotowy(V) 65% (HNO_3) - Avantor Performance Materials Poland S.A,
  - nadtlenek wodoru 30% ($H2O_2$) - Avantor Performance Materials Poland S.A.

Wszystkie wymienione wyżej odczynniki chemiczne miały czystość analityczną (cz. d. a.) i zostały zastosowane bez dodatkowych procedur oczyszczających. Podczas przygotowania roztworów, odmywania suspensji i innych czynności laboratoryjnych stosowano ultraczystą, dejonizowaną wodę (κ=0,054 $\mu S \cdot cm^{-1}$), pochodzącą z systemu uzdatniania wody Milli-Q Elix&Simplicity 185 firmy Millipore.

3.2. Preparatyka suspensji nanocząstek srebra

3.2.1. Wybór reagentów

Dotychczas, w literaturze opisano preparatykę nanocząstek srebra z zastosowaniem licznych związków, zarówno organicznych, jak i nieorganicznych. Dla potrzeb niniejszej pracy, jako materiał do przeprowadzenia planowanych badań wybrano pięć suspensji srebra różniących się rodzajem zaadsorbowanego stabilizatora. Wybór układu reagentów był nieprzypadkowy i został dokonany mając na uwadze następujące aspekty:

- cytrynian trisodu/tetrahydroboran sodu – suspensje nanocząstek srebra otrzymywane z zastosowaniem cytrynianu trisodu jako stabilizatora należą do najczęściej badanych.

- glukoza – nanocząstki srebra otrzymywane z zastosowaniem glukozy, ze względu na jej pochodzenie zaliczane są do tzw. „zielonych", „eko-przyjaznych" nanomateriałów.

- kwas taninowy – nanocząstki otrzymywane w procesie redukcji chemicznej z zastosowaniem taniny jako reduktora, podobnie do opisanych powyżej uznawane są za „eko-przyjazne". Jednakże, w odróżnieniu od glukozy, kwas taninowy jest związkiem o stosunkowo dużej masie cząsteczkowej, można zatem podejrzewać wyjątkowo dobrą stabilizację nanocząstek srebra za pomocą tej substancji.

- chlorowodorek hydroksyloaminy – suspensje srebra syntezowane z zastosowaniem $NH_2OH \bullet HCl$ powszechnie stosowane są w SERS. Co więcej, charakteryzują się wysoką czystością powierzchni, a właściwości fizykochemiczne tego rodzaju nanocząstek nie zostały dotychczas dostatecznie opisane w literaturze.

- fosfinian sodu/heksametafosforan(V) sodu – w odróżnieniu do wyżej wymienionych suspensje srebra otrzymywane w tym układzie zostały stosunkowo mało poznane. Co więcej, syntezę nanocząstek srebra z zastosowaniem fosforanów prowadzi się w środowisku kwaśnym, natomiast we wszystkich innych przypadkach wymagane jest zastosowanie środowiska zasadowego.

3.2.2. Optymalizacja warunków procesu

Przedstawione poniżej procedury opisują metody syntezy suspensji nanocząstek srebra w warunkach pozwalających uzyskać kuliste nanocząstki o średnicy ok. 10 nm. Optymalizacji podlegały takie parametry jak: stężenie reagentów, kolejność i prędkość ich wkraplania, typ zastosowanego mieszadła i szybkość mieszania. W przypadku, gdy reduktor lub jego utleniona forma wykazują właściwości stabilizujące powstałe nanocząstki zdecydowano nie stosować innych stabilizatorów, aby nie wprowadzać do układu dodatkowych substancji.

Podczas syntezy nanocząstek w układzie fosfinian sodu – heksametafosforan(V) sodu zoptymalizowano dwa dodatkowe parametry: temperaturę procesu oraz sposób ogrzewania. Czas prowadzenia syntezy został dobrany w oparciu o technikę UV-Vis – za czas optymalny uznano ten, po upływie którego nie stwierdzono dalszych zmian w intensywności i położeniu pasma absorpcyjnego wynikającego ze zjawiska powierzchniowego rezonansu plazmonowego. Biorąc pod uwagę fakt, że położenie tego pasma jest uzależnione od wielkości nanocząstek, natomiast jego intensywność od ich stężenia, brak zauważalnych zmian tych parametrów uznano za objaw zakończenia procesu redukcji.

Dla uproszczenia i zwiększenia przejrzystości tabel oraz rysunków poszczególnym suspensjom nadano oznaczenia literowe związane z nazwami stosowanych w procesie redukcji chemicznej reagentów.

3.2.2.1. Suspensja SBTC – nanocząstki srebra otrzymane przy użyciu tetrahydroboranu sodu i cytrynianu trisodu (SBTC)

W 200 ml wody rozpuszczono 32 mg tetrahydroboranu sodu ($NaBH_4$) i 290 mg cytrynianu trisodu ($C_6H_5Na_3O_7$). Do tak otrzymanej mieszaniny wkroplono w ciągu 45 min 100 ml roztworu azotanu(V) srebra ($AgNO_3$). Po dodaniu całej objętości roztworu prekursora, mieszanie (zastosowano mieszadło ramowe) kontynuowano jeszcze przez 1 godzinę. Proces prowadzono w temperaturze pokojowej.

3.2.2.2. Suspensja TA - nanocząstki srebra otrzymane przy użyciu kwasu taninowego

Wodny roztwór kwasu taninowego otrzymany przez rozpuszczenie 40,8 mg $C_{76}H_{52}O_{46}$ w 40 ml wody dodano do 320 ml intensywnie mieszanego (mieszadło magnetyczne) roztworu prekursora (zawierającego 598 mg $AgNO_3$). Następnie, pH tak przygotowanej mieszaniny doprowadzono do wartości 9 stosując w tym celu roztwór amoniaku (25%), po czym kontynuowano mieszanie w temperaturze pokojowej przez okres 1 godziny.

3.2.2.3. Suspensja HH - nanocząstki srebra otrzymane przy użyciu chlorowodorku hydroksyloaminy

Przygotowano roztwór zawierający 24 mg chlorowodorku hydroksyloaminy ($NH_2OH \cdot HCl$) w 180 ml wody. Następnie, w celu hydrolizy soli wkroplono 0,66 ml 1M roztworu wodorotlenku sodu (NaOH), po czym dodano (w jednorazowej porcji) 20 ml 10 mM azotanu(V) srebra ($AgNO_3$). Tak otrzymaną mieszaninę reakcyjną mieszano energicznie (mieszadło magnetyczne) w temperaturze pokojowej przez 30 minut.

3.2.2.4. Suspensja GL - nanocząstki srebra otrzymane przy użyciu glukozy

90 mg azotanu(V) srebra ($AgNO_3$) rozpuszczono w 480 ml wody. Do tak otrzymanej mieszaniny dodano roztwór przygotowany przez rozpuszczenie 200 mg glukozy ($C_6H_{12}O_6$) w 20 ml wody. Następnie dodano 30 µl 25% roztworu amoniaku

i mieszano (mieszadło magnetyczne) w temperaturze pokojowej przez okres 1 godziny.

3.2.2.5. Suspensja FF - nanocząstki srebra otrzymane przy użyciu fosfinianu sodu i heksametafosforanu(V) sodu

W kolbie kulistej o pojemności 500 ml przygotowano 320 ml roztworu zawierającego 49 mg heksametafosforanu(V) sodu ($(NaPO_3)_6$) oraz 890 mg fosfinianu sodu ($NaH_2PO_2 \cdot H_2O$) i mieszając (mieszadło krzyżowe) ogrzano na termostatowanej łaźni wodnej do temperatury 40°C. pH roztworu doprowadzono do wartości 2,9 stosując kwas siarkowy(VI) 1:1 (v/v). Do tak otrzymanego roztworu dodano 100 ml roztworu azotanu(V) srebra ($AgNO_3$) o stężeniu 10 mM. Otrzymaną w ten sposób suspensję nanocząstek pozostawiono do ochłodzenia w temperaturze pokojowej.

Suspensje otrzymane według przedstawionych powyżej procedur poddano procesowi oczyszczania metodą ultrafiltracji membranowej (p. 3.3.).

3.3. Oczyszczanie suspensji metodą ultrafiltracji membranowej

W celu oczyszczenia otrzymanych suspensji z nadmiaru małocząsteczkowych reagentów mogących zmniejszać ich stabilność wybrano metodę ultrafiltracji membranowej. Zastosowano komorę filtracyjną Amicon o pojemności 400 ml marki Millipore model 8400 oraz membrany z celulozy regenerowanej (100 kDa). Przewodnictwo odcieku badano konduktometrycznie, a proces oczyszczania prowadzono do momentu osiągnięcia przez odciek przewodnictwa właściwego (κ) poniżej 30 $\mu S \cdot cm^{-1}$. Dalsze oczyszczanie suspensji, prowadzące do otrzymania odcieku o jeszcze mniejszych wartościach przewodnictwa właściwego (poniżej 20 $\mu S \cdot cm^{-1}$) jest niecelowe i prowadzi do agregacji nanocząstek. Powodem destabilizacji układu koloidalnego jest w tym przypadku usunięcie (odmycie) stabilizatora zaadsorbowanego na powierzchni nanocząstek. Otrzymane w przedstawiony powyżej sposób odcieki pozostawiono do dalszej analizy.

Metodę ultrafiltracji membranowej zastosowano również do oddzielenia uwolnionego srebra jonowego od nanocząstek, jednak w tym celu zastosowano komorę filtracyjną Amicon o pojemności 10 ml zaopatrzoną w membranę z celulozy regenerowanej (30 kDa).

Ilościowy opis kinetyki uwalniania jonów srebra wymaga nie tylko znajomości warunków prowadzenia procesu (m. in. temperatura, pH, siła jonowa, stężenie tlenu rozpuszczonego), ale także właściwości samych nanocząstek (kształt i rozmiar, potencjał elektrokinetyczny ζ) oraz ich stężenia. W celu określenia właściwości nanocząstek, oczyszczone i zagęszczone suspensje poddano dalszym badaniom stosując w tym celu metody i aparaturę opisane w p. 3.4.

3.4. Metody pomiarowe

3.4.1. Pomiar przewodnictwa i pH suspensji.

Pomiary przewodnictwa i pH suspensji nanocząstek przeprowadzono stosując wielofunkcyjne urządzenie CPC-505 firmy Elmetron.

3.4.2. Pomiar gęstości

W celu wyznaczenia stężenia masowego nanocząstek srebra mierzono gęstość suspensji oraz medium dyspersyjnego (odcieków). Pomiary gęstości wykonano stosując densytometr DMA 5000 M firmy Anton Paar.

3.4.3. Wyznaczanie stężenia srebra jonowego

Stężenie srebra jonowego oznaczano stosując metodę atomowej spektrometrii absorpcyjnej (AAS). Pomiary zostały przeprowadzone na Wydziale Chemii

Uniwersytetu Jagiellońskiego w Grupie Badawczej Analitycznej Spektrometrii Atomowej. W celu określenia stężenia uwolnionego srebra jonowego zastosowano metodę absorpcyjnej spektrometrii atomowej (AAS) z atomizacją w płomieniu (F-AAS) oraz metodę elektrotermiczną (ET-AAS) przy użyciu kuwety grafitowej (GF-AAS). Pomiary wykonano stosując spektrometr PerkinElmer Atomic Absorption Spectrometer PinAAcle 900F oraz spektrometr PerkinElmer Atomic Absorption Spectrometer PinAAcle 900Z. Ze względu na fakt, że technika atomowej spektrometrii absorpcyjnej jest techniką porównawczą, pomiary realizowane były z zastosowaniem krzywej kalibracyjnej. Serię wzorów zewnętrznych o stężeniach: 0,2; 0,4; 0,6; 0,8; oraz 1,0 mg·L^{-1} przygotowano uwzględniając obecność substancji towarzyszących w analizowanych próbkach (tzw. matryca). Do analiz zaimplementowano specjalnie opracowaną metodę oznaczania srebra, charakteryzującą się zwiększoną precyzją i czułością. Pomiary wykonywano przy długości fali 328,07 nm. Dla tak określonych warunków analizy granice oznaczalności srebra wynoszą 1 μg·L^{-1} dla F-AAS (acetylen-powietrze) oraz 0,001 μg·L^{-1} dla metody ET-AAS. Wartości średnie podane w pracy zostały obliczone na podstawie trzech niezależnie przeprowadzonych pomiarów.

3.4.4. Pomiar współczynnika dyfuzji

Pomiary współczynników dyfuzji otrzymanych nanocząstek w warunkach kontrolowanej temperatury, pH, stężenia tlenu rozpuszczonego i siły jonowej przeprowadzono stosując aparat Zetasizer ZS ZEN3600 firmy Malvern.

3.4.5. Pomiar ruchliwości elektroforetycznej

Pomiary ruchliwości elektroforetycznej w kontrolowanych warunkach (pH, temperatura, stężenie tlenu rozpuszczonego, siła jonowa) wykonano stosując aparat Zetasizer ZS ZEN3600 firmy Malvern.

3.4.6. Pomiar stężenia tlenu rozpuszczonego

Stężenie tlenu rozpuszczonego zostało wyznaczone przy pomocy amperometrycznego czujnika tlenowego COG-1 firmy Elmetron. Wyznaczenie stężenia tlenu rozpuszczonego z zastosowaniem czujnika COG-1 polega na pomiarze wartości napięcia generowanego w ogniwie galwanicznym. Zawarty w badanej próbce tlen dyfunduje przez półprzepuszczalną, teflonową membranę do obszaru elektrolitu wewnętrznego (0,5 M KCl), a następnie ulega redukcji na cynkowej anodzie. Anoda połączona jest z elektrodą odniesienia (elektroda chlorosrebrowa o podwyższonej odporności na siarczki). Powstała w ten sposób różnica potencjału elektrycznego jest proporcjonalna do ciśnienia cząstkowego (a więc i stężenia) tlenu. Po uwzględnieniu dodatkowych parametrów (temperatura, ciśnienie powietrza i zasolenie), wartość napięcia przetwarzana jest automatycznie na stężenie tlenu rozpuszczonego (wyrażane w $mg \cdot L^{-1}$ lub % nasycenia). W celu zapewnienia dokładności pomiarów niezbędne było utrzymywanie przepływu próbki względem sondy.

3.4.7. Spektroskopia UV-Vis

Widma UV-Vis otrzymanych suspensji nanocząstek wykonano stosując w tym celu dwuwiązkowy spektrofotometr Shimadzu UV-1800.

3.4.8. Mikroskopia elektronowa

W celu wyznaczenia kształtu i wielkości nanocząstek zastosowano pracujący w trybie transmisyjnym skaningowy mikroskop elektronowy JEOL JSM-7500F. Próbki przygotowano przez naniesienie kilku kropel badanej suspensji na przystosowane do tego celu siateczki miedziane pokryte warstwą węgla. Analizę rozkładu wielkości cząstek przeprowadzono stosując system komputerowej analizy obrazów MultiScan firmy Computer Scanning Systems. Rozkłady wielkości wyznaczano w oparciu o analizę nie mniej niż 1000 cząstek.

4. Wyniki badań doświadczalnych

4.1. Charakterystyka fizykochemiczna suspensji nanocząstek srebra

4.1.1. Określenie wydajności przeprowadzonych syntez

W celu określenia wydajności przeprowadzonych syntez suspensji srebra zastosowano metodę AAS. Wartości stężenia nieprzereagowanych jonów srebra w próbkach otrzymanych suspensji (bezpośrednio po zakończeniu reakcji – suspensje nieczyszczone) oraz jonów srebra użytych do syntez zestawiono wraz z uzyskaną wydajnością procesu redukcji w Tabeli 2.

Tabela 2. Stężenia jonów Ag^+ użyte w mieszaninie reakcyjnej, stężenia nieprzereagowanych jonów srebra oraz wydajności reakcji.

Nazwa suspensji	**Stężenie Ag^+ użyte w mieszaninie reakcyjnej [$mg \cdot L^{-1}$]**	**Stężenie nieprzereagowanych jonów Ag^+ [$mg \cdot L^{-1}$]**	**Wydajność syntezy [%]**
SBTC	71,87	0,178	99,8
TA	109,27	0,012	100
HH	56,70	0,013	100
GL	114,21	50,9	55,4
FF	256,67	79,4	69,1

Redukcja jonów Ag^+ prowadzona za pomocą borowodorku sodu, kwasu taninowego i hydroksyloaminy jest praktycznie ilościowa. Znacząco niższą wydajność obserwuje się w przypadku prowadzenia procesu przy użyciu glukozy oraz fosfinianu sodu. Zarówno borowodorek sodu jak i hydroksyloamina należą do mocnych reduktorów, zatem w tych przypadkach należało spodziewać się całkowitej redukcji jonów srebra. Natomiast glukoza, będąca substancją pochodzenia naturalnego należy do słabych reduktorów. Wobec tego syntezę nanocząstek GL prowadzono w warunkach obniżonego potencjału jonów Ag^+. Obniżenie wartości potencjału redoks osiągnięto przez dodatek 25% roztworu amoniaku. W obecności dostatecznej ilości NH_3 następuje kompleksowanie jonów srebra i wartość potencjału redoks maleje do 0,38 V [46]. Jednak, nawet w tych warunkach wydajność syntezy jest znacznie niższa niż w przypadku suspensji SBTC, TA, czy też HH i wynosi 55,4%. Fosfinian sodu również jest słabym reduktorem $\left(E^o_{H_2PO_2^-/H_2PO_3^-} = 0{,}5\ \mathrm{V}\ [133]\right)$ w związku z tym całkowita redukcja jonów srebra nie była możliwa w warunkach zapewniających otrzymanie kulistych nanocząstek o średnicy ok. 10 nm.

4.1.2. Pomiary pH, przewodnictwa, gęstości oraz wyznaczanie stężeń suspensji

Stężenie masowe nanocząstek w suspensji oznaczono stosując metodę opartą na pomiarze gęstości. Wyznaczanie stężenia suspensji metodą densytometryczną jest możliwe, gdy znana jest gęstość rozproszonych cząstek ciała stałego. W przypadku nanocząstek srebra stabilizowanych małocząsteczkowymi związkami organicznymi, bądź jonami nieorganicznymi przyjmuje się, że gęstość fazy zdyspergowanej jest równa gęstości srebra i wynosi 10,49 $g\cdot cm^{-3}$. Wówczas udział masowy w nanocząstek oblicza się stosując wzór (18) [134]:

$$w = \frac{\rho_{Ag}(\rho_s - \rho_p)}{\rho_s(\rho_{Ag} - \rho_p)} \tag{18}$$

w którym:

ρ_s ρ_p- kolejno gęstość suspensji i odcieku (medium dyspersyjnego) [g·cm^{-3}]

Zmierzone gęstości oczyszczonych suspensji i odcieków oraz obliczone na podstawie wzoru (18) stężenia nanocząstek zestawiono wraz z wartościami pH i przewodnictwa właściwego w Tabeli 3.

Jak można zaobserwować wartości pH wszystkich oczyszczonych suspensji są mniejsze niż 7, nawet w przypadku, gdy synteza prowadzona była w środowisku zasadowym (dla suspensji SBTC, GL, HH i TA). Wynika to ze stechiometrii reakcji: produktami redukcji jonów srebra za pomocą zarówno borowodorku sodu, glukozy jak i hydroksyloaminy są m in. jony wodorowe – następuje zatem zmniejszenie wartości pH w miarę postępu reakcji. Za przyczynę wzrostu stężenia jonów wodorowych można uważać również proces ultrafiltracji membranowej, podczas którego zawarty w powietrzu ditlenek węgla rozpuszcza się w ośrodku dyspersyjnym, co powoduje obniżenie pH na skutek tworzenia się słabego kwasu węglowego.

Dla suspensji FF syntezowanej w układzie fosfinian sodu – heksametafosforan sodu zachodzi natomiast zjawisko wzrostu pH względem wartości, przy której prowadzono reakcję, nawet pomimo tego, że w trakcie redukcji jonów srebra dochodzi do powstawania jonów wodorowych. Powodem wzrostu wartości pH jest w tym przypadku usunięcie większości pozostałych po syntezie jonów wodorowych w procesie oczyszczania suspensji za pomocą ultrafiltracji membranowej. Zmierzone wartości przewodnictwa otrzymanych suspensji są do siebie zbliżone, co sugeruje, że w procesie oczyszczania usunięto nadmiar substancji stabilizujących oraz nieprzereagowanych reagentów. Jak wspomniano wyżej, dalsze oczyszczanie suspensji (do wartości przewodnictwa właściwego poniżej 20 μS·cm^{-1}) powoduje destabilizację nanocząstek będącą wynikiem usunięcia zaadsorbowanego na powierzchni stabilizatora.

Tabela 3. Wartości pH, przewodnictwa właściwego, gęstości suspensji, odcieków oraz stężenie nanocząstek w oczyszczonych i stężonych suspensjach wyznaczone z zastosowaniem densytometru.

Nazwa suspensji srebra [użyte reagenty]	**pH**	**Przewodnictwo właściwe [µS·cm^{-1}]**	**Gęstość suspensji [g·cm^{-3}]**	**Gęstość odcieku [g·cm^{-3}]**	**Stężenie nanocząstek [mg·L^{-1}]**
SBTC [borowodorek sodu/ cytrynian trisodu]	6,6	20,5	0,997203	0,997078	138,7
			0,997203	0,997077	
TA [Kwas taninowy]	5,6	27,4	0,997490	0,997076	452,5
			0,997490	0,997085	
HH [chlorowodorek hydroksyloaminy]	6,5	23,3	0,997124	0,997055	159,1
			0,997118	0,997054	
GL [Glukoza]	6,1	22,8	0,997164	0,997063	123,5
			0,997167	0,997059	
FF [Fosfinian sodu/ heksametafosfo-ran (V) sodu]	6,5	27,6	0,997248	0,997067	201,7
			0,997250	0,997066	

Wyznaczone z zastosowaniem densytometru stężenia nanocząstek są różne dla poszczególnych suspensji. Wynika to zarówno z wydajności samego procesu redukcji jak i optymalnych (zapewniających otrzymanie nanocząstek o średnicy ok. 10 nm) stężeń reagentów. Zwiększenie stężenia prekursora (nawet przy zachowaniu stałego stosunku molowego prekursor:stabilizator), może prowadzić nie tylko do zwiększenia stężenia powstałych nanocząstek, ale również do zmian w ich rozmiarach. Natomiast zastosowanie większego stężenia stabilizatora jest bezcelowe i nie powoduje zwiększenia stabilności otrzymanych nanocząstek. W ustalonych warunkach pH, temperatury i siły jonowej określone stężenie substancji stabilizującej jest w stanie zapewnić stabilność tylko pewnej liczbie powstałych nanocząstek. Oznacza to, że w danych warunkach, stabilizator adsorbuje się do momentu osiągnięcia maksymalnego (równowagowego) stopnia pokrycia powierzchni. W przypadku stabilizatorów jonowych, dalsze zwiększanie ich stężenia prowadzi do wzrostu siły jonowej ośrodka dyspersyjnego i agregacji nanocząstek.

Wyznaczenie kinetyk oksydacyjnego roztwarzania nanocząstek wymaga nie tylko określenia stężenia uwolnionych jonów srebra, lecz także znajomości początkowego stężenia nanocząstek. Jak wiadomo, jednymi z kryteriów doboru metody analitycznej są czas, koszt oraz dokładność analizy. W niniejszej pracy zdecydowano porównać dwie metody oznaczania nanocząstek srebra: opartej na pomiarze gęstości oraz absorpcyjnej spektrometrii atomowej (AAS). Porównanie to ma na celu określenie przydatności densytometru (metoda 1) jako urządzenia do szybkiego oznaczania stężenia nanocząstek srebra. W przypadku stosowania metody AAS zastosowano dwa odmienne podejścia: pierwsze polegało na przeprowadzeniu pomiaru bezpośrednio na próbce suspensji (metoda 2), drugie natomiast na pomiarze stężenia jonów srebra w próbce otrzymanej przez roztworzenie suspensji (metoda 3). Podczas doboru stężeń suspensji kierowano się możliwością wykonania oznaczenia zarówno za pomocą AAS jaki densytometru. Oznaczenie metodą AAS dla deklarowanego (wyznaczonego z zastosowaniem densytometru) stężenia jonów srebra wynoszącego 0,5 $mg \cdot L^{-1}$ wykonywano bezpośrednio w próbce. Dla dwóch pozostałych przypadków, tj.

wartości stężeń wynoszących 1 mg·L^{-1} oraz 5 mg·L^{-1} oznaczenie prowadzono w próbce rozcieńczonej.

W celu roztworzenia nanocząstek srebra zastosowano modyfikację metody opisanej przez Peretyazhko [114]. Z poszczególnych suspensji o znanych (deklarowanych) wartościach stężenia nanocząstek srebra pobrano po trzy próbki o objętości 7 ml każda. Następnie, do każdej z próbek dodano po 2 ml 65% roztworu kwasu azotowego(V) oraz 1 ml 30% roztworu nadtlenku wodoru, po czym intensywnie wymieszano. Roztwarzanie prowadzono w temperaturze pokojowej przez godzinę. Tak przygotowane roztwory nie zawierały srebra koloidalnego. Zostało to potwierdzone w oparciu o analizę widm UV-Vis badanych roztworów. Jako podstawę do stwierdzenia, że w otrzymanych roztworach nie znajduje się srebro koloidalne, przyjęto brak obecności charakterystycznego pasma absorpcyjnego występującego przy długości fali ok. 400 nm

Wyniki pomiarów przeprowadzonych metodami 1 i 2 wraz z odpowiadającym im wartościami stężeń deklarowanych zestawiono w Tabeli 4.

Tabela 4. Porównanie metod oznaczania stężenia nanocząstek srebra w oczyszczonych suspensjach.

Nazwa suspensji	**Stężenie wyznaczone z pomiarów gęstości (metoda 1) [mg·L^{-1}]**	**Stężenie wyznaczone za pomocąAAS (metoda 2) [mg·L^{-1}]**	**Stężenie wyznaczone za pomocą AAS (metoda 3) [mg·L^{-1}]**
SBTC	0,5	0,32	0,47
	1	0,47	0,96
	5	2,43	4,67
TA	0,5	0,37	0,43
	1	0,45	1,01
	5	2,13	4,91
HH	0,5	0,32	0,53
	1	0,66	1,11
	5	2,74	5,09
GL	0,5	0,48	0,43
	1	1,02	0,93
	5	2,14	4,91
FF	0,5	0,29	0,56
	1	0,51	1,09
	5	3,01	5,74

Jak można zauważyć, stężenia wyznaczone ww. trzema metodami różnią się, przy czym największe odchylenia od pozostałych wyników obserwuje się dla metody 2. Jest to szczególnie widoczne dla deklarowanego stężenia suspensji 5 $mg \cdot L^{-1}$. Warto zauważyć, że w każdym z analizowanych przypadków stężenie wyznaczone metodą 2 jest niższe od wyznaczonego przez analizę próbki metodą 3. Spowodowane jest to tym, że nanocząstki po wprowadzeniu do strefy płomienia nie ulegają całkowitej atomizacji (fragmentacji). W związku z tym promieniowanie elektromagnetyczne pochodzące ze źródła jest w stanie wzbudzić tylko powierzchniowe atomy srebra (lub atomy srebra w postaci „wolnej"). Atomy znajdujące się w głębszych warstwach nanocząstek nie ulegają wzbudzeniu. W związku z tym, otrzymany w takim postępowaniu wynik jest zawsze niższy od rzeczywistego. Szczególnie duże różnice pomiędzy wartościami wyznaczonymi metodami 2 i 3 obserwuje się dla stężenia suspensji wynoszącego 5 $mg \cdot L^{-1}$. Analizując powyższe dane można oszacować, jaki ułamek atomów ulega wzbudzeniu (względem maksymalnej liczby wzbudzalnych atomów srebra w tych warunkach jonizacji tj. podczas analizy roztworzonego zolu). Przykładowo, dla suspensji GL o stężeniu 5 $mg \cdot L^{-1}$ jest to około 0,43.

Jak można zaobserwować deklarowane stężenia są na ogół wyższe niż te wyznaczone na podstawie pomiarów techniką absorpcyjnej spektrometrii atomowej. Wyjątkiem jest w tym przypadku suspensja FF, dla której obserwuje się zawyżenie wartości stężeń wyznaczonych za pomocą AAS względem tych deklarowanych. Na podstawie danych zamieszczonych w Tabeli 4 można wnioskować o zadowalającej korelacji między metodą opartą na pomiarze gęstości (metoda 1), a pomiarem stężenia w roztworzonej suspensji (metoda 3). Do zalet pomiarów z zastosowaniem densytometru należy zaliczyć przede wszystkim prostotę oraz szybkość ich wykonania i niski koszt analizy. Wśród zalet techniki AAS wymienić należy natomiast możliwość prowadzenia oznaczeń w suspensjach wysoce rozcieńczonych (nawet 1 $\mu g \cdot L^{-1}$ [107]) nawet, gdy dysponuje się stosunkowo niewielką ilością próbki.

4.1.3. Wyznaczenie morfologii i rozkładu wielkości cząstek

Aby zbadać kształt i rozkład wielkości otrzymanych nanocząstek zastosowano technikę transmisyjnej mikroskopii elektronowej. Zdjęcia TEM i uzyskane rozkłady wielkości dla poszczególnych nanocząstek przedstawiono na Rysunkach 3a-e.

a)

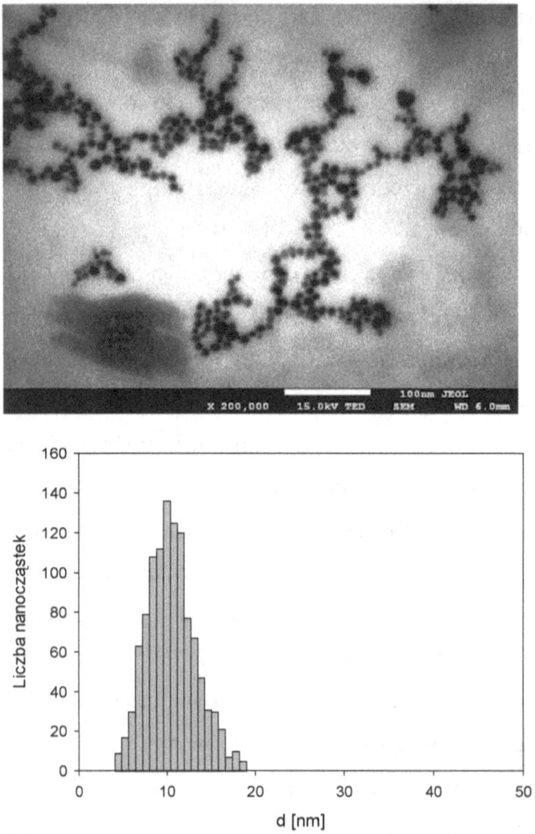

b)

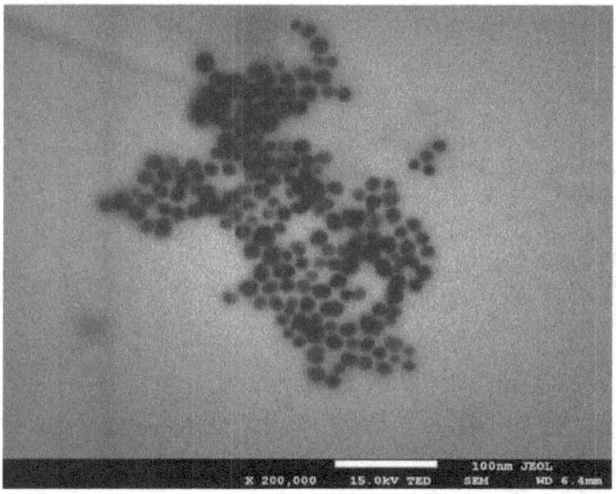

100nm JEOL
X 200,000 15.0kV TED SEM WD 6.4mm

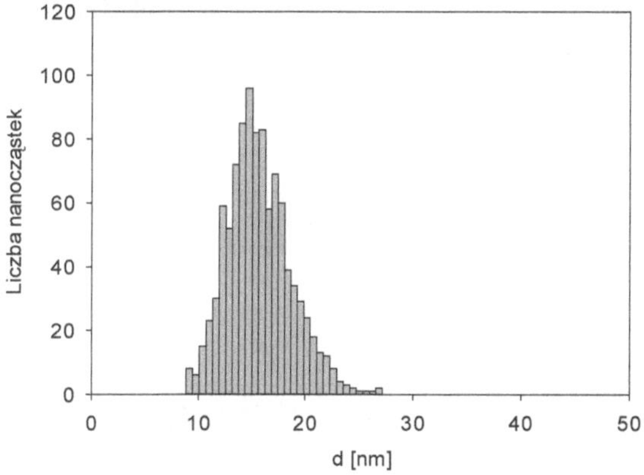

Liczba nanocząstek
d [nm]
0
20
40
60
80
100
120
0
10
20
30
40
50

c)

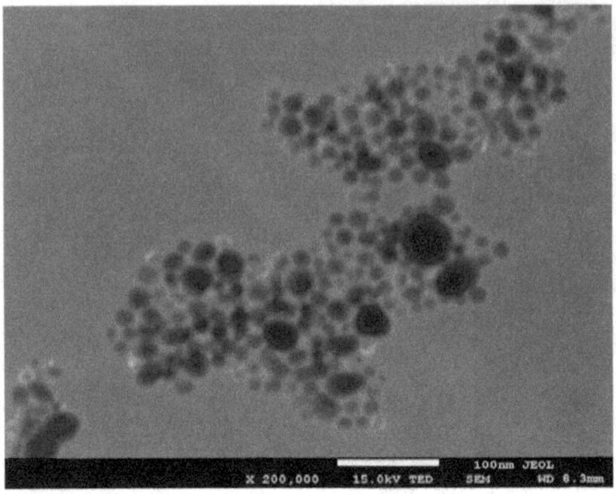
100nm JEOL
X 200,000 15.0kV TED SEM WD 8.3mm

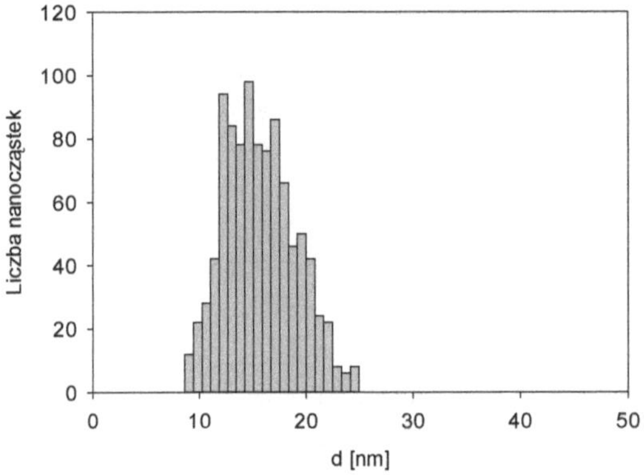
Liczba nanocząstek
d [nm]
0
20
40
60
80
100
120
0
10
20
30
40
50

d)

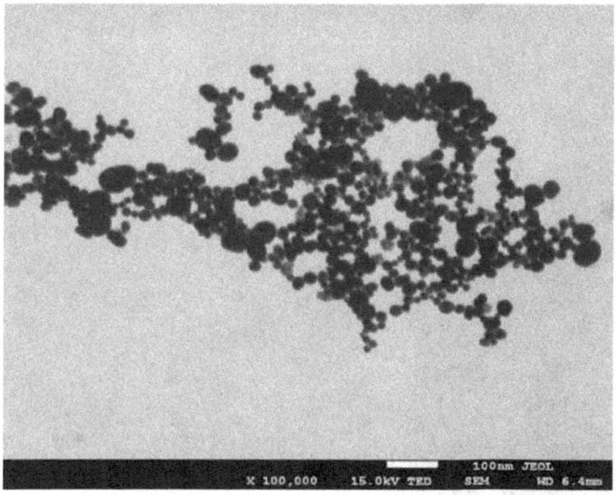
100nm JEOL
X 100,000 15.0kV TED SEM WD 6.4mm

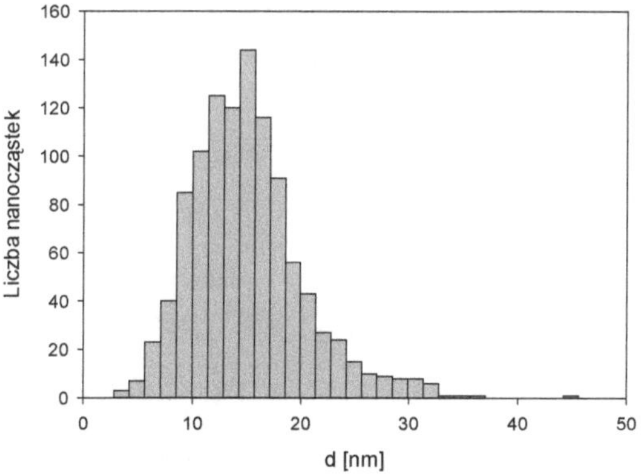
Liczba nanocząstek
d [nm]
0
20
40
60
80
100
120
140
160
0
10
20
30
40
50

e)

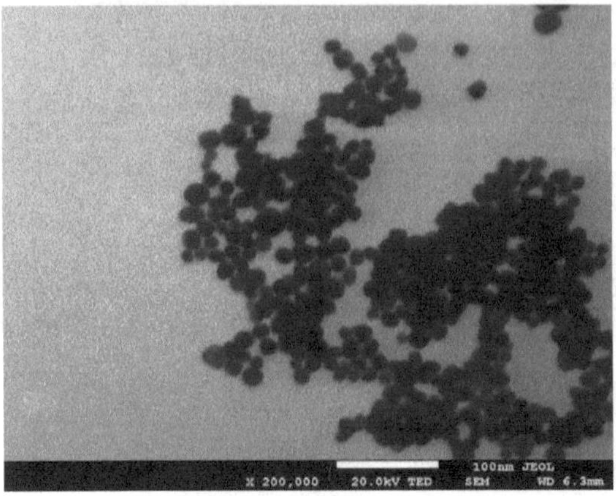

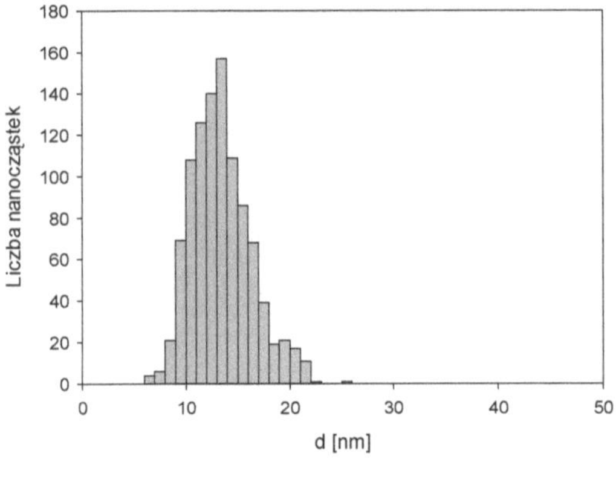

Rys. 3 Obrazy TEM oraz rozkłady wielkości nanocząstek: a) SBTC, b) TA, c) HH, d) GL, e) FF.

Rozmiary nanocząstek wyznaczano przez pomiar dwóch prostopadłych średnic korzystając w tym celu z oprogramowania MultiScan.

Jak można zauważyć, wszystkie otrzymane nanocząstki mają kształt zbliżony do kulistego. Stwarza to możliwość wyznaczenia średniego rozmiaru cząstek za pomocą techniki DLS – dla cząstek kulistych średnica hydrodynamiczna równa jest jej średnicy rzeczywistej. Średni rozmiar nanocząstek wyznaczony na podstawie histogramów wynosi: SBTC: 12 ±3 nm, TA: 15 ±3 nm, HH: 15 ±4 nm, GL: 15 ±7 nm, FF 13 ±4 nm. Najmniejszą polidyspersyjnością charakteryzują się nanocząstki SBTC i TA, największą zaś GL. Analizując Rys. 3 można również zaobserwować, że otrzymane nanocząstki występują w większych skupisk. Przyczyną tego stanu rzeczy może być preparatyka próbek do TEM. Po naniesieniu kropli suspensji na siateczkę następuje odparowanie ośrodka dyspersyjnego i zniszczenie podwójnej warstwy elektrycznej. Jak wykazano w p. 1.3.5, łączenie się nanocząstek w większe skupiska może w istotny sposób wpływać na proces uwalniania srebra jonowego. Biorąc pod uwagę fakt, że otrzymane nanocząstki mają kształt kulisty, w celu sprawdzenia stopnia agregacji zdecydowano zastosować technikę DLS.

4.1.4. Pomiar współczynników dyfuzji

Wartości współczynników dyfuzji badanych nanocząstek zmierzono w temperaturze 25°C, stosując w tym celu suspensje rozcieńczone do stężenia 30 mg·L^{-1}. Jako wynik podano wartość średnią (Tabela 5), obliczoną na podstawie pięciu niezależnie przeprowadzonych pomiarów. Następnie, stosując wzór Stokesa-Einsteina (1) obliczono wartość średnicy hydrodynamicznej nanocząstek, którą porównano z średnicą wyznaczoną na podstawie zdjęć otrzymanych metodą TEM (Tabela 5). Porównanie to ma na celu weryfikację przydatności techniki DLS w odniesieniu do wyznaczania zmian w rozmiarze otrzymanych nanocząstek oraz określenie przebiegu agregacji. Jak już wcześniej wspomniano, w technice DLS wyznaczany jest bezpośrednio współczynnik dyfuzji *D*, natomiast średnica hydrodynamiczna (definiowana jako średnica cząstki kulistej stawiającej taki sam opór hydrodynamiczny jak rozpatrywana cząstka) jest obliczana w oparciu o równanie Stokesa-Einsteina (1). Co więcej, średnica hydrodynamiczna nanocząstek może ulegać zmianie wraz ze zmianami wartości pH i siły jonowej. Zastosowanie techniki TEM do monitorowania zmian wielkości nanocząstek w czasie jest kłopotliwe ze względu na złożoną preparatykę próbek. W związku z powyższym istnieje konieczność weryfikacji zgodności między technikami TEM i DLS.

Analizując dane zamieszczone w Tabeli 5 można stwierdzić zadowalającą korelację między średnicami nanocząstek wyznaczonymi metodami TEM i DLS. Wobec tego należy wnioskować, że otrzymane nanocząstki nie występują w suspensjach w formie agregatów. Zgodność między technikami DLS i TEM pozwala uznać tę pierwszą za użyteczną w oznaczaniu zmian w rozmiarze kulistych nanocząstek zarówno w wyniku uwalniania srebra jonowego jak i agregacji.

4.1.5. Pomiar ruchliwości elektroforetycznej

W kolejnym etapie badań, przeprowadzono pomiary ruchliwości elektroforetycznej, która jest ważną właściwością nanocząstek, pozwala bowiem na obliczenie potencjału zeta, będącego miarą stabilności układów koloidalnych. Ruchliwość elektroforetyczną mierzono w temperaturze 25°C, stosując w tym celu suspensje rozcieńczone do stężenia 30 mg·L^{-1}. Jako wynik ostateczny podano wartość średnią z pięciu niezależnie przeprowadzonych pomiarów. Potencjał zeta nanocząstek obliczono stosując przybliżenie Henry'ego, które wprowadza do równania Smoluchowskiego (1) wielkość będącą funkcją grubości podwójnej warstwy elektrycznej κ i średnicy hydrodynamicznej cząstki d_H. Wówczas zależność między potencjałem zeta, a ruchliwością elektroforetyczną określa równanie (18):

$$\mu_e = \frac{\varepsilon\zeta \cdot f\left(\frac{\kappa d_H}{2}\right)}{\eta} \qquad (18)$$

Wartość funkcji $f\left(\frac{\kappa d_H}{2}\right)$ zmienia się w zakresie od 1 do 1,5.

W pierwszym przypadku granicznym (tj. gdy wartość funkcji *f* jest równa 1) równanie (18) sprowadza się do przybliżenia Smoluchowskiego (7), słusznego gdy grubość podwójnej warstwy elektrycznej jest pomijalna względem rozmiaru nanocząstek. Drugi z przypadków granicznych ($f = 1{,}5$) słuszny jest dla układów, dla których grubość podwójnej warstwy elektrycznej jest znacznie większa niż średnica nanocząstek i nazywany jest przybliżeniem Hűckela. W przypadkach, gdy grubość podwójnej warstwy elektrycznej i średnica nanocząstek są do siebie zbliżone, w celu obliczenia potencjału zeta konieczna jest znajomość wartości funkcji $f\left(\frac{\kappa d_H}{2}\right)$, która przyjmuje wówczas postać rozwinięcia potęgowego. Przykładowo, dla nanocząstek o kształcie kulistym i przy założeniu, że $\kappa d_H < 2$ postać funkcji *f* jest następująca:

$$f(\kappa_R) = 1 + \frac{\kappa_R^2}{16} - 5\frac{\kappa_R^3}{48} - \frac{\kappa_R^4}{96} - \left(\frac{\kappa_R^4}{8} - \frac{\kappa_R^6}{96}\right)e^{\kappa_R} \cdot \int_{\infty}^{\kappa_R} \frac{e^{-t}}{t}dt \qquad (19)$$

gdzie:

$$\kappa_R = \frac{\kappa d_H}{2} \qquad (20)$$

Dla porównania, wyznaczone właściwości otrzymanych nanocząstek srebra zestawiono w Tabeli 5. Jak można zauważyć, zgodnie ze znakiem potencjału zeta wszystkie otrzymane nanocząstki, bez względu na rodzaj zaadsorbowanego stabilizatora mają ładunek ujemny. Jednakże, wartości zarówno ruchliwości elektroforetycznej jak i potencjału zeta dla poszczególnych rodzajów nanocząstek różnią się. Spowodowane jest to różnicami w stężeniu powierzchniowym stabilizatora oraz ilością grup jonogennych w jego cząsteczce. Otrzymane układy koloidalne należy uważać za stabilne w badanych warunkach, na co wskazuje wartość potencjału zeta nanocząstek.

Tabela 5. Wybrane właściwości fizykochemiczne nanocząstek srebra

Suspensja / Właściwość	SBTC	TA	HH	GL	FF
Współczynnik dyfuzji D $T = 298$ K; pH 5,5 $I = 10^{-4}$M [$\mu m^2 \cdot s^{-1}$]	8,01±0,24	13,40±1,2	11,10±0,1	7,97±0,04	9,61±0,04
Średnica hydrodynamiczna $T = 298$ K; pH 5,5 $I = 10^{-4}$M d_H [nm]	12,0±1,3	11,8±0,4	10,5±0,9	16,7±3,3	9,8±0,9
Średnica wyznaczona z pomiarów TEM [nm]	12±3	15±3	15±4	15±7	13±4
Potencjał zeta $T = 298$ K; pH 5,5 $I = 10^{-4}$M ζ [mV]	-67,0±0,9	-78,7±0,9	-69,9±1,2	-60,2±1,2	-63.8±1.5
Położenie maksimum absorpcyjnego λ [nm]	394	406	399	424	392

4.1.6. Określenie stabilności nanocząstek w czasie

W następnym etapie badań doświadczalnych określono stabilność badanych nanocząstek w czasie. W tym celu rejestrowano zmiany ruchliwości elektroforetycznej w warunkach kontrolowanego pH i siły jonowej. Pomiary przeprowadzono dla dwóch wartości pH: 5,5 (Rys. 4.) oraz 3,5 (Rys. 5.). Następnie, stosując równanie (18) obliczono wartości potencjałów zeta (Rys. 6 oraz Rys. 7) dla poszczególnych wartości ruchliwości elektroforetycznej.

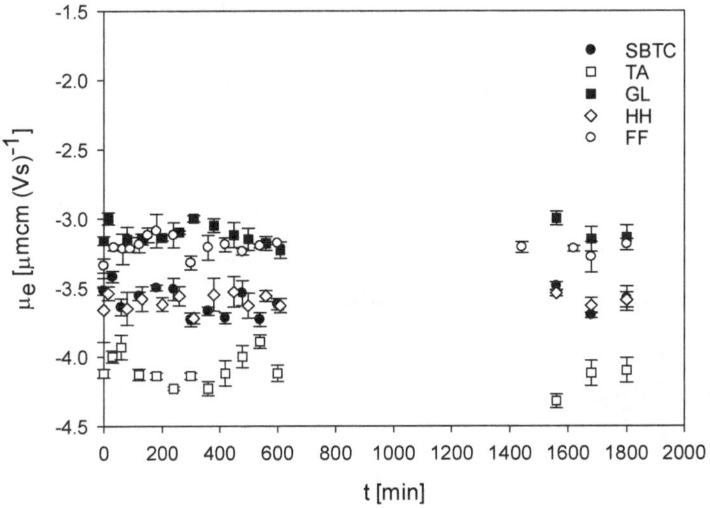

Rys. 4. Zmiany ruchliwości elektroforetycznej nanocząstek srebra w funkcji czasu. Stężenie suspensji 30 mg·L^{-1}, pH 5,5; $I = 10^{-4}$ M, $T = 298$ K

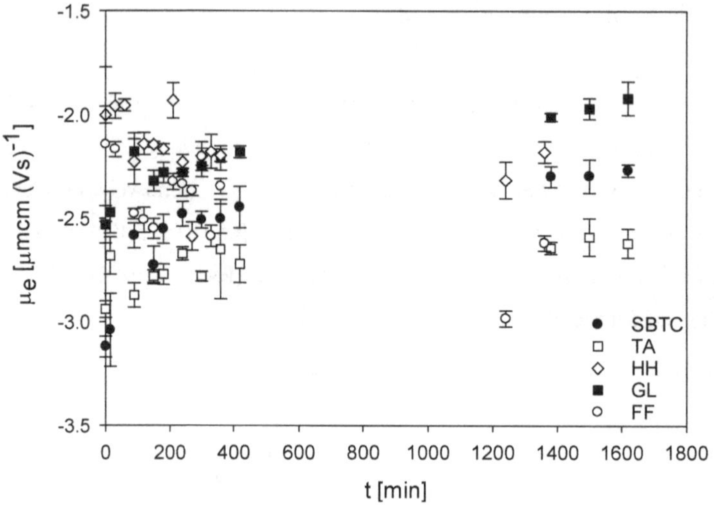

Rys. 5. Zmiany ruchliwości elektroforetycznej nanocząstek srebra w funkcji czasu. Stężenie suspensji 30 $mg \cdot L^{-1}$, pH 3,5 (regulowane za pomocą HNO_3), $I = 3{,}3 \cdot 10^{-3}$ M HNO_3; T=298 K.

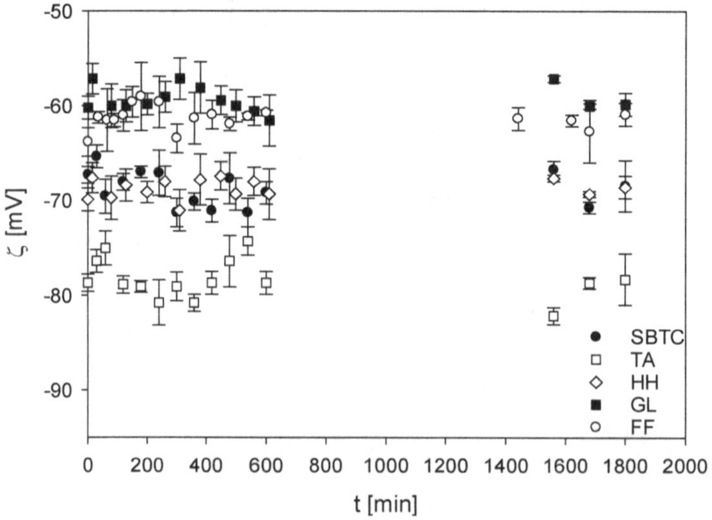

Rys. 6. Zmiany potencjału zeta nanocząstek srebra w funkcji czasu. Stężenie suspensji 30 $mg \cdot L^{-1}$, pH 5,5; $I = 10^{-4}$ M, T=298 K.

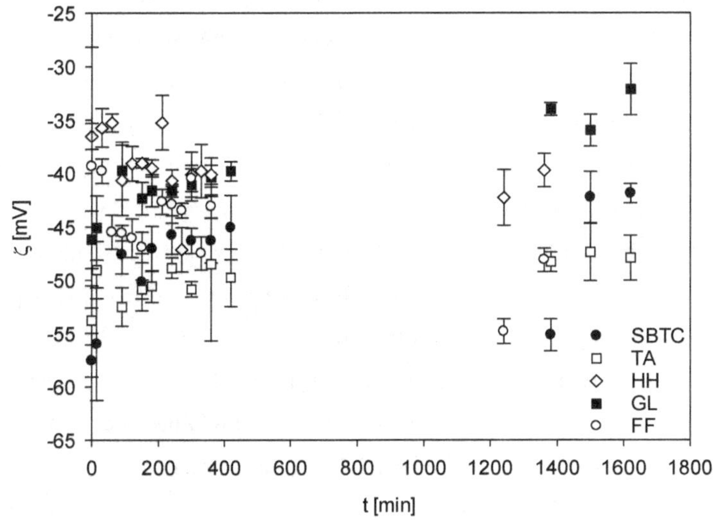

Rys. 7. Zmiany potencjału zeta nanocząstek srebra w funkcji czasu. Stężenie suspensji 30 mg·L^{-1}, pH 3,5 (regulowane za pomocą HNO_3), I = 3,3·10^{-3} M HNO_3; T=298 K.

Jak można zauważyć z porównania Rys. 4 i 5 oraz Rys. 6 i 7, wartości zarówno ruchliwości elektroforetycznej jak i potencjału ζ wzrastają wraz z pH ośrodka dyspersyjnego. Jest to zgodne ze wcześniejszymi obserwacjami dokonanymi m. in. przez Badawy [135]. Dla czasu t = 0 wartość potencjału zeta nanocząstek SBTC wynosi -57,7 mV (dla pH 3,5) i -67,3 mV (dla pH 5,5), należy zatem spodziewać się, że wzrost stężenia jonów wodorowych powoduje zmniejszenie ilości zaadsorbowanego na powierzchni stabilizatora i/lub ilości jego grup jonogennych. W przypadku nanocząstek SBTC zmniejszenie wartości pH do 3,5 powoduje cofanie dysocjacji stosunkowo słabego kwasu cytrynowego, zmniejsza się zatem liczba nieskompensowanych ładunków powierzchniowych a co za tym idzie nanocząstki wykazują mniejszą stabilność (rozumianą jako skłonność do agregacji). Podobną zależność (zmniejszenie początkowej wartości potencjału zeta wraz ze wzrostem pH) obserwuje się dla pozostałych suspensji, przy czym zmiany te są różne w zależności od suspensji. Największe różnice obserwuje się dla suspensji HH, dla której bezwzględna wartość potencjału zeta zmniejsza się dwukrotnie wraz ze zmianą wartości pH z 3,5 na 5,5. Analogiczne wnioski dotyczące zmian w wartości potencjału zeta wraz ze zmianą pH dla stabilizowanych jonami cytrynianowymi nanocząstek srebra o średnicy 16 nm zostały przedstawione w literaturze [134].

Analizując dane zawarte na Rys. 6 i 7 można zauważyć, że względna stabilność otrzymanych układów koloidalnych jest różna w dwóch zadanych wartościach pH. Pozwala to wysunąć przypuszczenie, że wpływ pH na przebieg procesu uwalniania jest różny dla badanych suspensji.

W przypadku gdy pH ośrodka dyspersyjnego wynosi 5,5 wartość potencjału zeta pozostaje praktycznie bez zmian w miarę upływu czasu. Znacznie większe zmiany obserwuje się w drugim przypadku (pH 3,5): potencjał zeta rośnie w miarę upływu czasu aż do osiągnięcia pewnej wartości granicznej. W związku ze zmniejszaniem się wartości bezwzględnej potencjału zeta w czasie, można wnioskować, że ładunek elektryczny na powierzchni nanocząstek ulega częściowej kompensacji. Jednakże, potencjał zeta pozostaje silnie ujemny nawet po upływie 24 godzin, co wskazuje na stabilność nanocząstek w tych warunkach.

4.1.7. Pomiar właściwości optycznych

Właściwości optyczne suspensji nanocząstek srebra badano za pomocą spektroskopii UV-Vis rejestrując zmiany wartości absorbancji suspensji w zakresie 330-700 nm. Pomiary wykonywano dla próbek o stężeniu nanocząstek srebra wynoszącym 20 $mg \cdot L^{-1}$, które zostały otrzymane przez rozcieńczenie oczyszczonych suspensji. Uzyskane w ten sposób widma przedstawia Rys. 8.

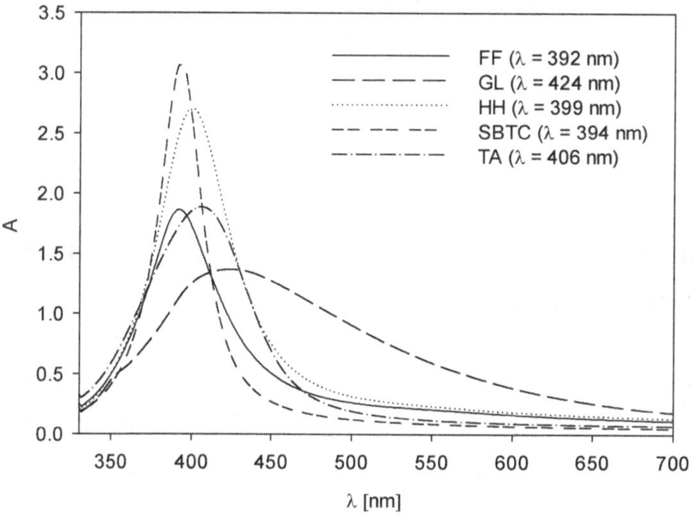

Rys. 8 Widma UV-Vis suspensji nanocząstek srebra o stężeniu 20 mg·L^{-1}. W nawiasie obok oznaczenia suspensji podano długość fali, przy której występuje maksimum absorbancji.

Jak można zauważyć położenie maksimum pasma absorpcyjnego jest różne dla poszczególnych suspensji. Analiza danych z Rys. 8 i Tabeli 5 pozwala stwierdzić, że długość fali, przy której występuje maksimum absorbancji rośnie wraz z rozmiarem nanocząstek. Jest to zgodne z przedstawioną przez Mie teorią dotyczącą rozpraszania światła na nanocząstkach kulistych [47]. Również wartość absorbancji mierzona dla analitycznej długości fali różni się znacząco dla poszczególnych suspensji. Według przytoczonej wyżej teorii, absorbancja suspensji nanocząstek jest funkcją nie tylko długości fali światła padającego (do której jest odwrotnie proporcjonalna) lecz także przenikalności dielektrycznej. Nanocząstki o różnych właściwościach powierzchniowych (rodzaj zaadsorbowanego stabilizatora) różnią się wartością przenikalności dielektrycznej, w związku z tym charakteryzują się odmienną wartością absorbancji przy zachowaniu stałości pozostałych parametrów: rozmiaru i stężenia nanocząstek. Analizując kształt widma można również wnioskować o polidyspersyjności nanocząstek. Wraz ze wzrostem szerokości pasma absorpcyjnego zwiększa się stopień polidyspersji układu koloidalnego. W związku z tym, analizując widma zamieszczone na Rys. 8 można zaobserwować, że najmniejszą polidyspersyjnością charakteryzują się nanocząstki SBTC, największą zaś GL. Jest to zgodne z wartościami odchylenia standardowego rozmiaru nanocząstek wyznaczonego na podstawie zdjęć z TEM (Rys. 3 a-e).

Przeprowadzono również badania, których celem było ustalenie czy dodatek pewnych ilości srebra jonowego (przy stałym stężeniu srebra koloidalnego) wpływa na kształt, położenie oraz intensywność pasma charakterystycznego. W tym celu zarejestrowano widma UV-Vis suspensji o stężeniu nanocząstek równym 20 mg·L^{-1} i różnych stężeniach jonów srebra (regulowanych przez dodatek $AgNO_3$), mieszczących się w zakresie 0-50 mg·L^{-1}. Zarejestrowane widma przedstawiono na Rys. 9.

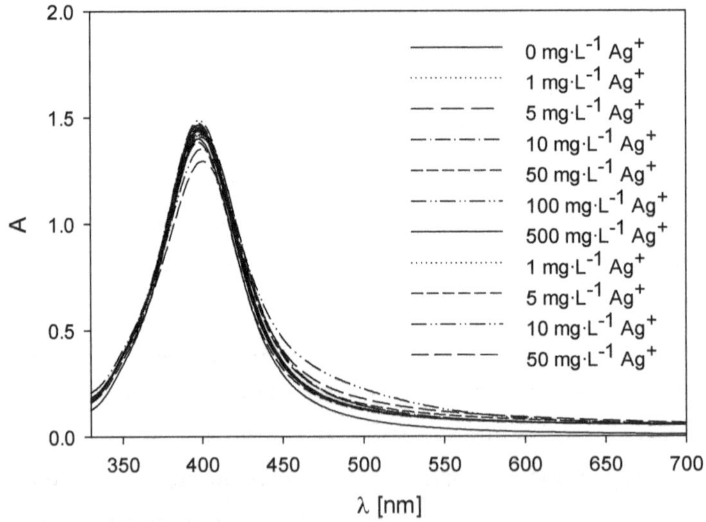

Rys. 9. Zmiany intensywności i położenia maksimum absorpcji suspensji srebra SBTC (20 mg·L^{-1}) pod wpływem dodatku rożnych stężeń srebra jonowego (pH 6,6; stężenie Ag^+ regulowano dodatkiem $AgNO_3$, T = 298K).

Jak wynika z przeprowadzonych pomiarów, niskie (do 1 mg·L^{-1}) stężenia dodatkowo wprowadzonych jonów srebra nie wpływają znacząco na intensywność i położenie pasma charakterystycznego. Dopiero dodatek jonów Ag^{+} w stężeniu zbliżonym do stężenia srebra koloidalnego powoduje spadek intensywności pasma oraz jego przesunięcie batochromowe. Przyczyną tych zjawisk jest wzrost siły jonowej na skutek dodatku soli, powodujący zmniejszenie grubości podwójnej warstwy elektrycznej, co sprzyja procesom agregacji.

Stosując technikę UV-Vis dokonano również pomiaru stabilności badanych suspensji w miarę upływu czasu. Na Rys. 10 a-e przedstawiono zmiany w kształcie i intensywności widm badanych suspensji o stężeniu 20 mg·L^{-1}.

a)

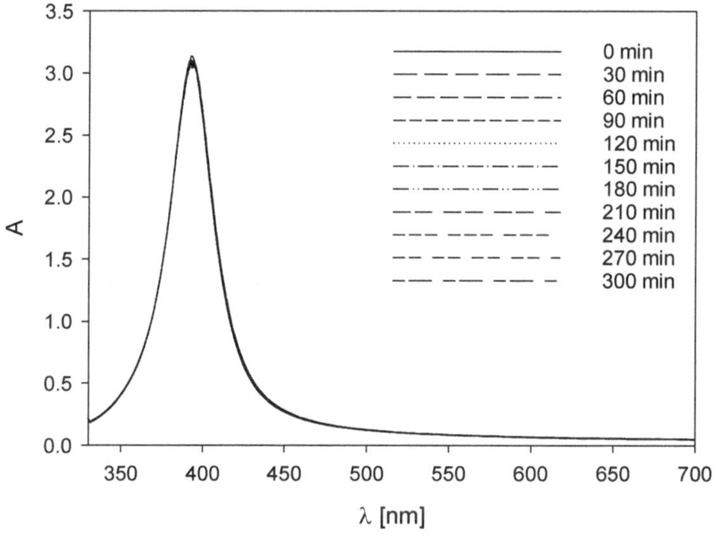

b)

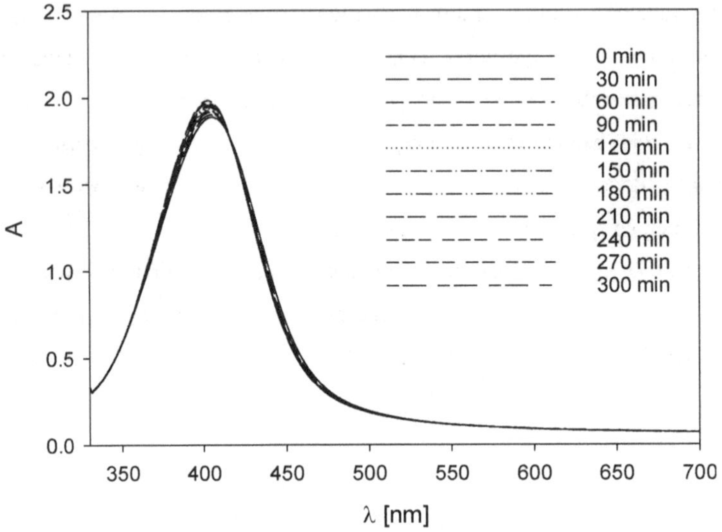

0 min
30 min
60 min
90 min
120 min
150 min
180 min
210 min
240 min
270 min
300 min
A
λ [nm]

c)

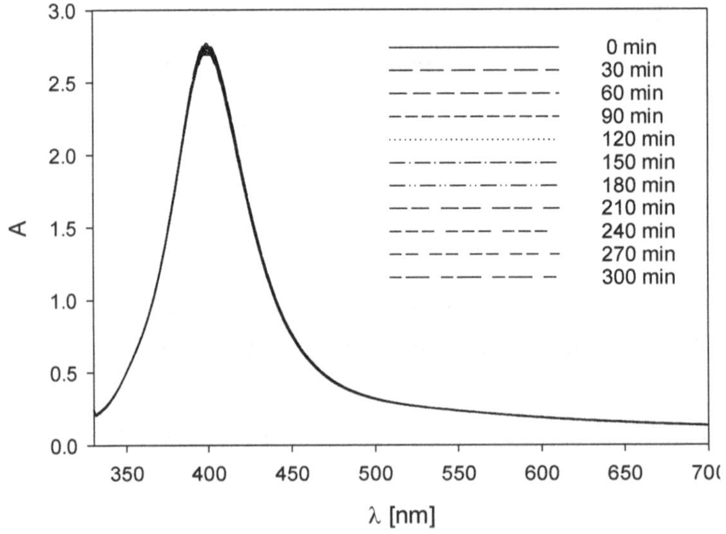

0 min
30 min
60 min
90 min
120 min
150 min
180 min
210 min
240 min
270 min
300 min
A
λ [nm]

d)

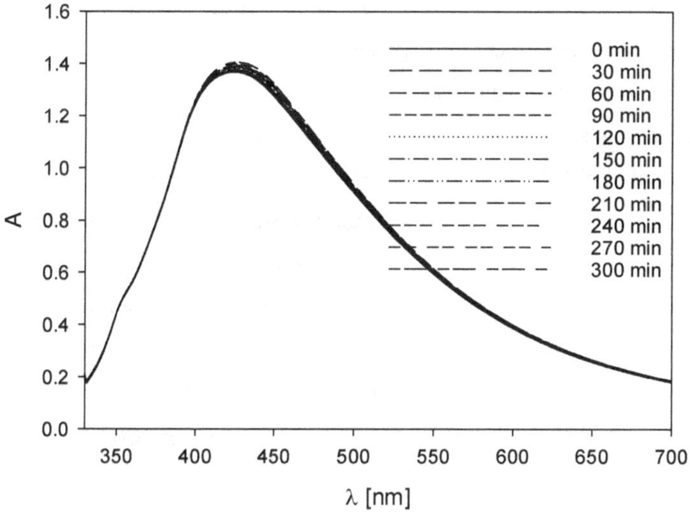

e)

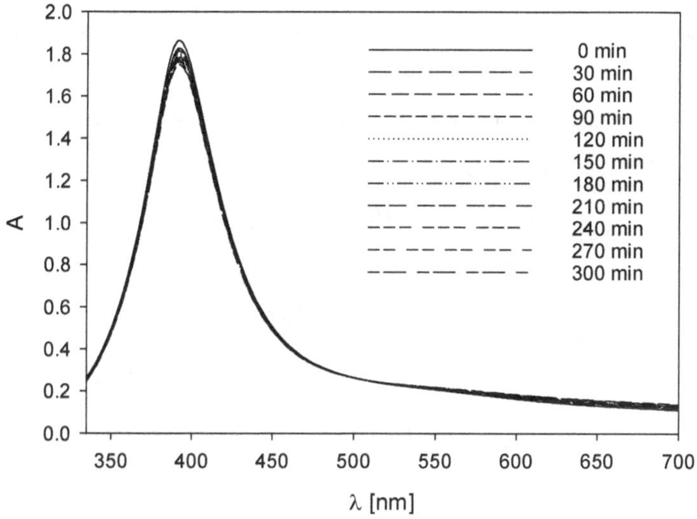

Rys. 10 Zmiany w kształcie i intensywności pasma charakterystycznego dla badanych suspensji (20 $mg \cdot L^{-1}$, pH 5,5; I = 10^{-4} M) a) SBTC, b) TA, c) HH, d) GL, e) FF.

Analiza danych z Rys. 10 a jednoznacznie wskazuje, że intensywność i położenie pasma plazmonowego dla nanocząstek SBTC ulega jedynie niewielkim zmianom w czasie. Większe zmiany obserwuje się w przypadku suspensji TA (Rys. 10 b), dla której obserwuje się spadek intensywności i przesunięcie batochromowe pasma absorpcyjnego. Analogiczne zależności są widoczne dla pozostałych trzech suspensji (HH, GL oraz FF – Rys. 14 c-e). Zgodnie z przytoczoną powyżej teorią Mie, maksimum absorbancji ulega przesunięciu batochromowemu wraz ze zwiększeniem m. in. rozmiaru cząstek. Natomiast, zgodnie z prawem Lamberta-Beera absorbancja jest wprost proporcjonalna do stężenia analitu. Można zatem wnioskować, że nawet w rozcieńczonych suspensjach pH zachodzą co najmniej dwa zjawiska odpowiedzialne za zmiany kształtu widma absorpcyjnego. Przyczynę przesunięcia batochromowego mogą stanowić procesy agregacji lub inne prowadzące do zwiększenia rozmiarów nanocząstek jak np. starzenie Ostwalda. Za przyczynę niewielkich zmian w intensywności pasma absorpcyjnego można uważać proces oksydacyjnego roztwarzania nanocząstek – uwalnianie srebra jonowego prowadzi do zmniejszenia stężenia nanocząstek. Dla wygody prezentacji tego, jak niewielkim zmianom (dla suspensji o nieregulowanym pH) ulega intensywność pasma absorpcyjnego, przedstawiono zależność wartości absorbancji przy analitycznej długości fali w funkcji czasu (Rys. 11.)

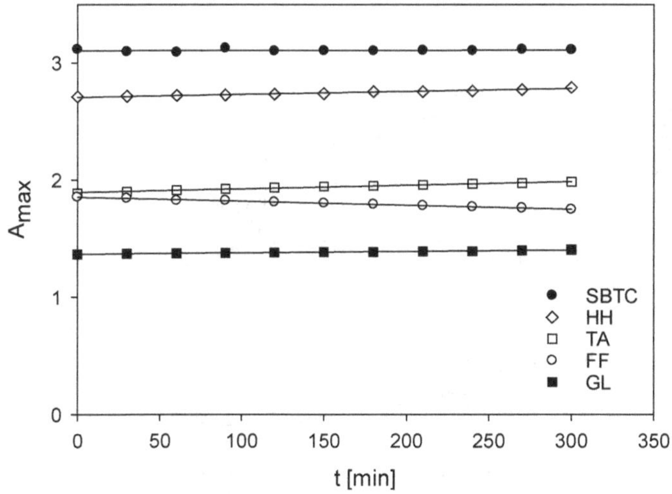

Rys. 11. Zmiany absorbancji w funkcji czasu mierzonej przy analitycznej długości fali (pH 5,5; $I = 10^{-4}$ M, $T = 298$ K).

Jak można zauważyć, wartość absorbancji dla badanych suspensji nanocząstek srebra ulega bardzo małym, wręcz pomijalnym zmianom w czasie. O wiele bardziej znaczące zmiany w intensywności pasma charakterystycznego obserwuje się w pH 3,5 (Rys. 12 a-e).

a)

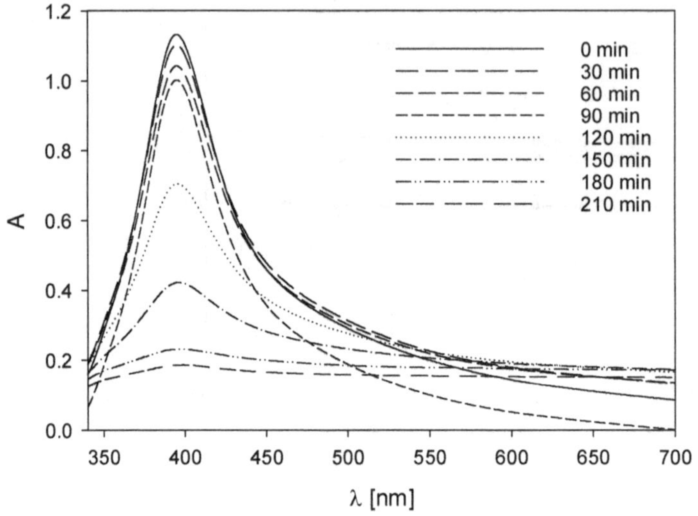
A
λ [nm]
0 min
30 min
60 min
90 min
120 min
150 min
180 min
210 min

b)

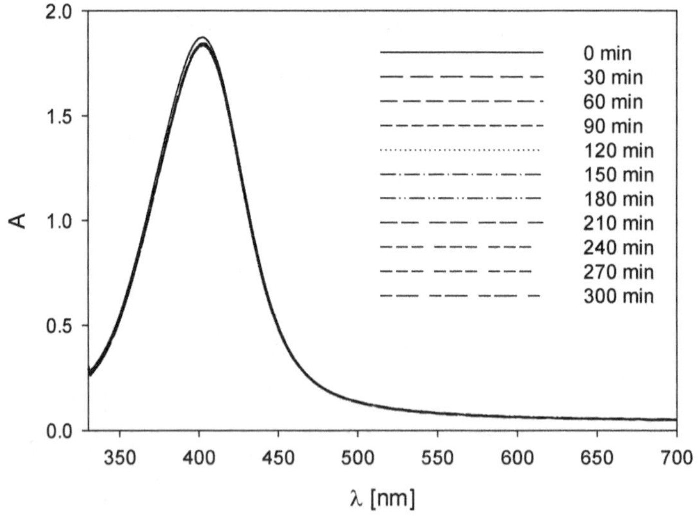
A
λ [nm]
0 min
30 min
60 min
90 min
120 min
150 min
180 min
210 min
240 min
270 min
300 min

c)

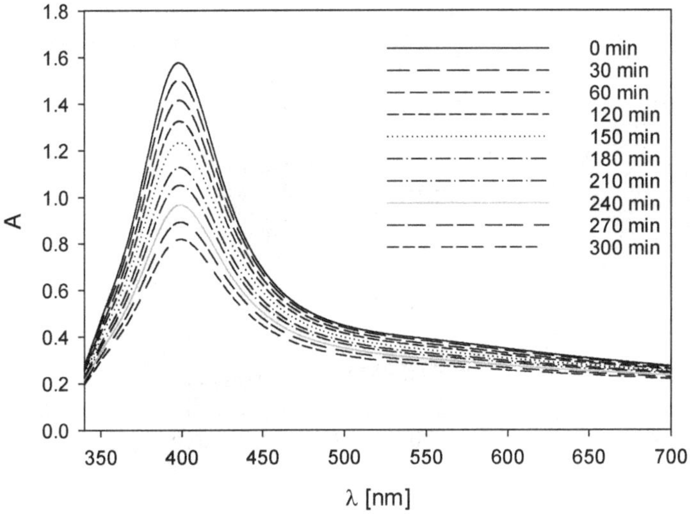

1.8
1.6
1.4
1.2
1.0
0.8
0.6
0.4
0.2
0.0
A
350
400
450
500
550
600
650
700
λ [nm]
0 min
30 min
60 min
120 min
150 min
180 min
210 min
240 min
270 min
300 min

d)

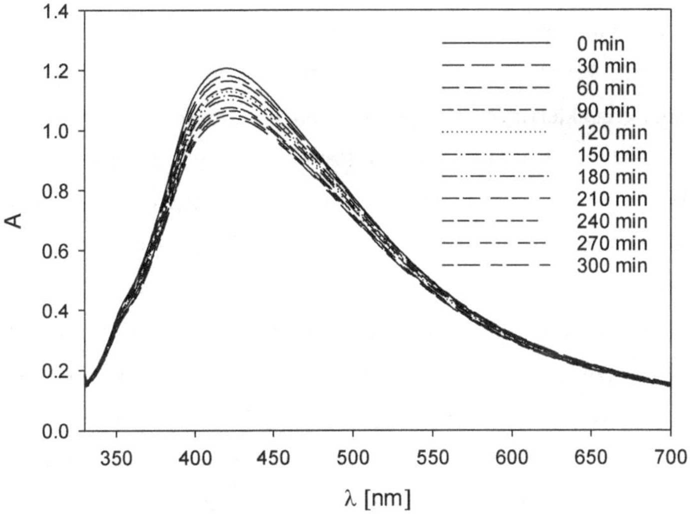

1.4
1.2
1.0
0.8
0.6
0.4
0.2
0.0
A
350
400
450
500
550
600
650
700
λ [nm]
0 min
30 min
60 min
90 min
120 min
150 min
180 min
210 min
240 min
270 min
300 min

e)

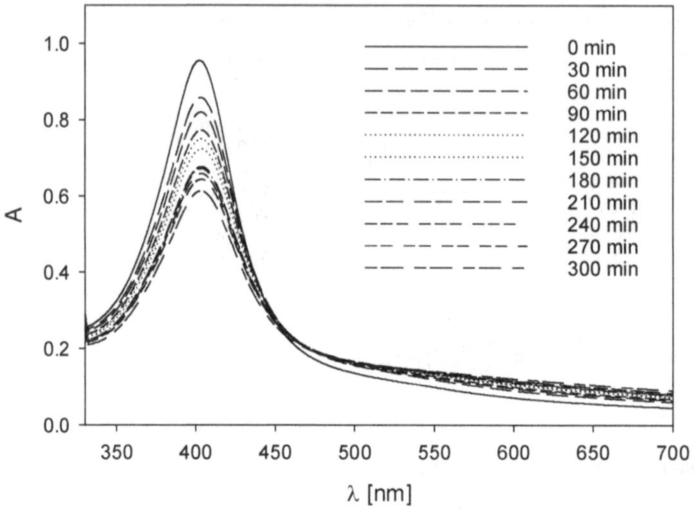

Rys. 12. Zmiany w widmie UV-Vis suspensji w czasie, pH 3,5 (regulowane HNO_3), $I = 3{,}3 \cdot 10^{-3}$ M HNO_3 stężenie suspensji 20 $mg \cdot L^{-1}$ a) SBTC, b) TA, c) HH d) GL e) FF.

Z porównania widm zamieszczonych na Rys. 12 względem tych z Rys. 10 można wywnioskować, że obniżenie pH suspensji powoduje znaczny spadek intensywności pasma charakterystycznego. Można zatem wnioskować, że znaczna część srebra koloidalnego ulega roztworzeniu bezpośrednio po dodaniu kwasu. Przykładowo, dla suspensji SBTC, biorąc pod uwagę intensywność pasm charakterystycznych należy się spodziewać, że po dodaniu kwasu natychmiastowo roztworzeniu uległo około 66% srebra koloidalnego.

Jak można zauważyć na podstawie Rys. 12, intensywność pasm absorpcyjnych będących wynikiem rezonansu plazmonowego dla suspensji o pH ośrodka dyspersyjnego 3,5 zmniejsza się jeszcze bardziej w miarę upływu czasu. Może być to powodowane dalszym spadkiem stężenia masowego nanocząstek w czasie, będącym bezpośrednim skutkiem uwalniania srebra jonowego z ich powierzchni. Porównanie zmian intensywności pasm absorpcyjnych dla poszczególnych suspensji pozwala podejrzewać, że szybkość tego procesu uzależniona jest od właściwości powierzchniowych nanocząstek (szczególnie od rodzaju zaadsorbowanego stabilizatora).

W dalszej części pracy przedstawiono wyniki ilościowych pomiarów stężenia uwolnionego srebra jonowego z zastosowaniem metody UV-Vis w oparciu o pomiar intensywności pasma absorpcyjnego (p. 3.2.1).

4.2. Uwalnianie srebra jonowego

4.2.1. Pomiary z zastosowaniem techniki UV-Vis

W celu kalibracji oznaczenia metodą krzywej wzorcowej zmierzono absorbancję suspensji o znanym stężeniu nanocząstek srebra (w zakresie 0-20 $mg \cdot L^{-1}$) przygotowanych przez rozcieńczenie suspensji podstawowych. Uzyskane w ten sposób krzywe wzorcowe przedstawiono na Rys. 13.

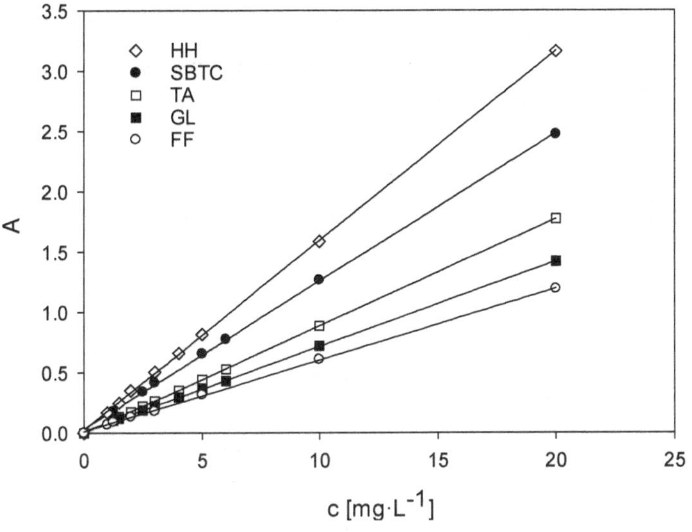

Rys. 13. Krzywe wzorcowe dla suspensji nanocząstek srebra

Po zastosowaniu regresji liniowej otrzymano następujące równania prostych:

SBTC: $A = 0{,}1222c$ $R^2 = 0{,}9996$

HH: $A = 0{,}1573c$ $R^2 = 0{,}9998$

FF: $A = 0{,}0593c$ $R^2 = 0{,}9996$

TA: $A = 0{,}0888c$ $R^2 = 1{,}0000$

GL: $A = 0{,}0705c$ $R^2 = 0{,}9998$

Wartość R^2 bliska jedności wskazuje, że w badanym zakresie stężeń spełnione jest prawo Lamberta-Beera.

Na podstawie intensywności pasm charakterystycznych suspensji o pH 3,5 (Rys. 12) oraz równań prostych wyznaczonych metodą regresji liniowej określono zmiany stężenia srebra jonowego w czasie. Stężenia jonów Ag^+ obliczono odejmując od początkowego stężenia suspensji (20 $mg \cdot L^{-1}$) stężenie nanocząstek wyznaczone w oparciu o krzywe kalibracyjne. Uzyskane w ten sposób wartości stężenia srebra jonowego przedstawiono na Rys. 18. Dla suspensji TA nie zaobserwowano praktycznie żadnych zmian w absorbancji (Rys. 12 b), w związku z tym nie została ona uwzględniona na Rys. 14.

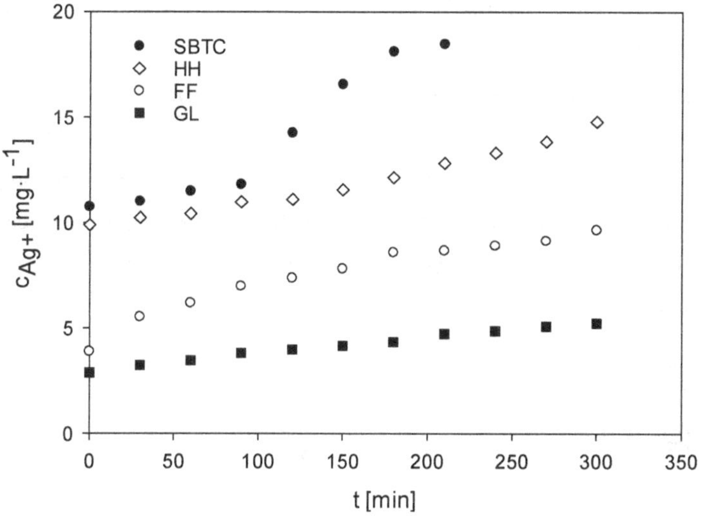

Rys. 14. Zmiany stężenia jonów Ag^+ w funkcji czasu. Stężenie początkowe suspensji 20 mg·L^{-1}, pH 3,5; I = 3,3·10^{-3} M HNO_3; T = 298 K.

Jak można zauważyć zależność stężenia uwolnionych jonów srebra od czasu ma charakter prostoliniowy dla wszystkich suspensji. W przypadku nanocząstek SBTC, obserwuje się przegięcie krzywej i znaczne zwiększenie szybkości reakcji po upływie 120 min. Dla pozostałych suspensji nie obserwuje się odchyleń tego typu. Zgodnie z przewidywaniami, stężenie uwolnionego srebra jonowego uzależnione jest od rodzaju zaadsorbowanego stabilizatora. Przykładowo, dla suspensji GL, po czasie 210 min stężenie to wynosi ok. 4 mg·L^{-1}, podczas gdy dla suspensji SBTC jest prawie czterokrotnie wyższe (19 mg·L^{-1}). Warto również zauważyć istnienie znacznych różnic w stężeniu srebra jonowego w czasie t = 0 – dla suspensji HH i SBTC jest to około 10 mg·L^{-1}, natomiast dla FF i GL mniej niż 5 mg·L^{-1}. Nie istnieje zauważalna korelacja między rodzajem stabilizatora (jony nieorganiczne lub małocząsteczkowe związki organiczne), a stężeniem uwolnionego srebra jonowego. Nanocząstki SBTC okazały się być najbardziej reaktywne w zadanych warunkach – roztworzeniu uległo niemal całe srebro koloidalne, natomiast stabilizowane również za pomocą związków organicznych nanocząstki GL uległy roztworzeniu w ok. 25%.

W większości publikacji podejmujących problem oznaczania zmian stężenia srebra koloidalnego za pomocą metody UV-Vis jako metodykę oznaczenie wybiera się zmiany w intensywności pasma absorpcyjnego. Jak wykazały jedne z najnowszych badań Zooka [136], znacznie lepszą korelację między techniką UV-Vis, a analizą ICP-MS obserwuje się w przypadku, gdy jako podstawę wyznaczania stężenia nanocząstek srebra przyjmie się pole powierzchni pasma absorpcyjnego. W związku z tym, przeprowadzono ponowną kalibrację oznaczenia srebra koloidalnego mierząc pole powierzchni pod pasmem absorpcyjnym roztworów wzorcowych. Pomiary wykonywano w zakresie λ = 330-700 nm. Otrzymane w ten sposób krzywe wzorcowe przedstawia Rys 15.

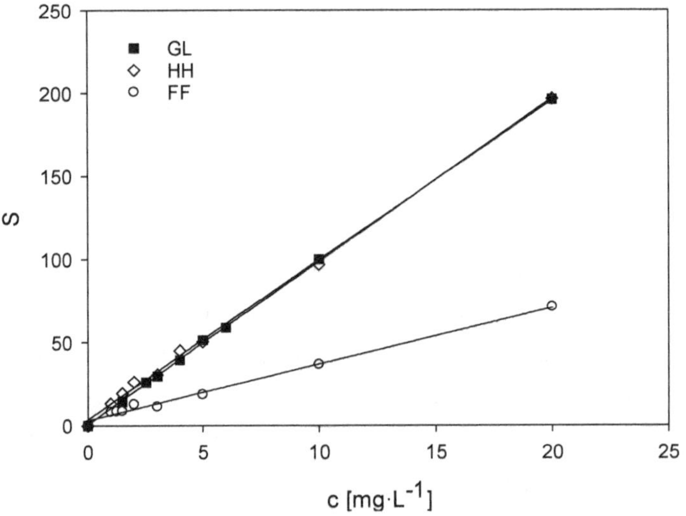

Rys. 15. Krzywa wzorcowa dla suspensji nanocząstek srebra wyznaczona w oparciu o pomiar powierzchni pod pasmem absorpcyjnym.

Po zastosowaniu regresji liniowej otrzymano równania krzywych wzorcowych:

HH: A = 9,62c + 3,4197 R^2 = 0,9984

FF: A = 3,3846c R^2 = 0,9996

GL: A = 9,8197c R^2 = 0,9997

Dla pozostałych dwóch suspensji (SBTC i TA) nie uzyskano zależności prostoliniowej między polem powierzchni pod pasmem absorpcyjnym, a stężeniem nanocząstek, dlatego też nie uwzględniono ich na Rys. 15.

Następnie, na podstawie danych z Rys. 12 i powyższych równań krzywych wzorcowych obliczono stężenia uwolnionego srebra jonowego dla poszczególnych próbek suspensji. Wyniki przedstawiono na Rys. 20.

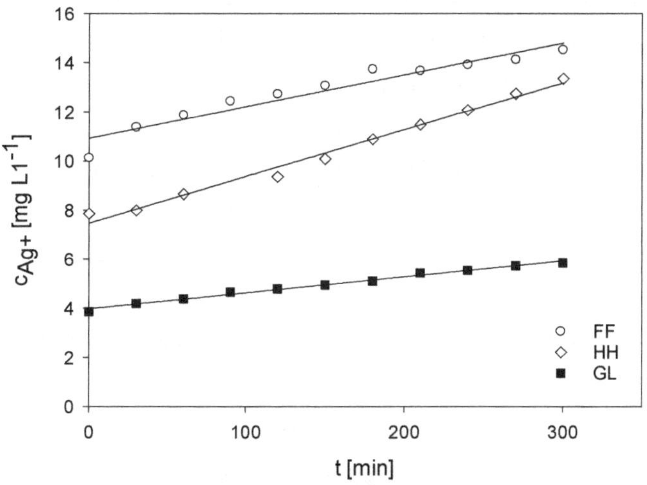

Rys. 16. Zmiany stężenia jonów Ag^+ w funkcji czasu wyznaczone w oparciu o pole powierzchni pasma absorpcyjnego. Stężenie początkowe suspensji 20 $mg \cdot L^{-1}$, pH 3,5; $I = 3{,}3 \cdot 10^{-3}$ M HNO_3; T=298 K.

Porównując przebieg zmian wartości stężeń srebra jonowego wyznaczonych w oparciu o zmiany absorbancji (Rys. 14.) i pole powierzchni pasma (Rys. 16.) można stwierdzić bardzo dobrą korelację pomiędzy obiema metodami dla suspensji GL. Znaczne rozbieżności obserwuje się dla nanocząstek FF – stężenie jonów srebra po upływie 300 min. wyznaczone w oparciu o pomiar absorbancji jest równe ok. 10 $mg \cdot L^{-1}$, natomiast obliczone na podstawie zmiany pola powierzchni pasma 14 $mg \cdot L^{-1}$. Pewne rozbieżności obserwuje się również dla suspensji HH.

Obserwowane zmiany, zarówno w maksimum absorbancji, jak i pola powierzchni pod pasmem absorpcyjnym świadczą o zachodzeniu procesów w suspensjach nanocząstek srebra, jednak na podstawie analizy wyłącznie widm UV-Vis nie można określić ich charakteru. Spadek wartości absorbancji w czasie może wskazywać na zmniejszanie się stężenia nanocząstek srebra na skutek oksydacyjnego roztwarzania. Jednocześnie obserwuje się poszerzenie pasma absorpcyjnego, co związane jest ze zwiększaniem się rozmiaru nanocząstek np. w wyniku procesów agregacji.

Metoda oznaczania stężenia srebra koloidalnego na podstawie zmian wartości absorbancji lub pola powierzchni pod pasmem pomimo swojej prostoty nie może zostać zastosowana w badanych przypadkach. Jak można zauważyć z porównania Rys. 14 i 16 technika Uv-Vis daje duże rozbieżności nawet w obrębie tych samych próbek – dla suspensji FF i HH nie obserwuje się korelacji między wartościami stężenia wyznaczonymi za pomocą dwóch ww. podejść. Jak udało się również wykazać, w pewnych przypadkach nie obserwuje się prostoliniowej zależności między stężeniem srebra koloidalnego a polem pod powierzchnią pasma, nawet w przypadku gdy próbkę stanowią nanocząstki o stosunkowo wąskim rozkładzie wielkości.

W dalszej części pracy przedstawiono krzywe kinetyczne procesu oksydacyjnego roztwarzania nanocząstek srebra uzyskane z zastosowaniem AAS jako metody oznaczania stężenia uwolnionych jonów.

3.3.1. Pomiary z zastosowaniem techniki AAS

Określenie wpływu właściwości powierzchniowych na proces oksydacyjnego roztwarzania powierzchni nanocząstek o zbliżonym rozkładzie wielkości (Tabela 5) wymaga przeprowadzenia pomiarów stężenia jonów srebra w funkcji czasu. Większość metod oznaczania stężenia jonów srebra wymaga ich wcześniejszego odseparowania od nanocząstek. Dla potrzeb niniejszej pracy jako metodę rozdziału tych dwóch form srebra wybrano proces ultrafiltracji membranowej (p. 2.3.). Aby precyzyjnie określić czy jony Ag^+ oddziałują z membraną nitrocelulozową w sposób uniemożliwiający dokładne ich oznaczenie przeprowadzono testy na serii roztworów wzorcowych. W tym celu przygotowano serię roztworów wzorcowych o zadanym stężeniu Ag^+ (zastosowano azotan(V) srebra), które następnie filtrowano przez wskazane membrany. Otrzymane w ten sposób odcieki zanalizowano na zawartość srebra stosując metodę AAS (warunki i procedury postępowania opisano w p. 2.2.3). Wyniki pomiarów zestawiono w Tabeli 6.

Tabela 6. Porównanie stężenia jonów srebra przed i po procesie ultrafiltracji membranowej.

Stężenie roztworu wzorcowego Ag^+ [$mg \cdot L^{-1}$]	Stężenie Ag^+ wyznaczone z pomiarów AAS [$mg \cdot L^{-1}$]
0,05	0,004
0,1	0,009
0,2	0,26
0,5	0,46
1	1,02
5	4,97

Analiza danych z Tabeli 6 pozwala wyciągnąć wniosek, że względne straty jonów srebra (definiowane jako ułamek jonów zatrzymanych przez membranę) maleją wraz ze zwiększeniem się stężenia roztworu wzorcowego. Przykładowo, dla roztworu o stężeniu 0,05 $mg \cdot L^{-1}$ adsorpcji na membranie zatrzymywane jest ponad 90% jonów srebra, podczas gdy dla roztworu o stężeniu 5 $mg \cdot L^{-1}$ zaledwie 0,6%. W przypadku roztworu o stężeniu 1 $mg \cdot L^{-1}$ wartość wyznaczona za pomocą techniki AAS jest wyższa niż rzeczywista, co pozwala wyciągnąć wniosek, że dla takich zakresów stężeń jony srebra nie są praktycznie usuwane, a wpływ procesu ultrafiltracji membranowej na ich stężenie w odcieku może zostać pominięty.

Badania nad kinetyką oksydacyjnego roztwarzania wszystkich 5 rodzajów nanocząstek przeprowadzono w temperaturze 298 K przy pH suspensji równym 5,5 (regulowane za pomocą HNO_3). Stężenie tlenu rozpuszczonego było stałe w trakcie pomiarów i wynosiło 8,1 mg·L^{-1}.Wyniki uzyskanych pomiarów doświadczalnych przedstawiono na Rys. 17.

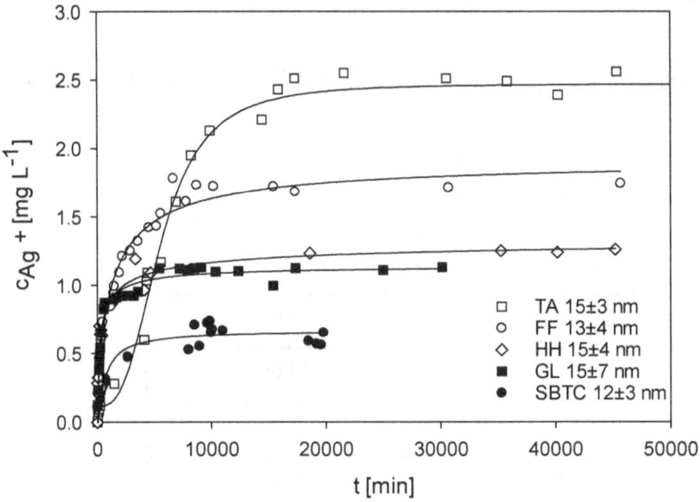

Rys. 17. Kinetyki uwalniania jonów z powierzchni nanocząstek srebra SBTC, TA, HH, FF, GL. Stężenie suspensji srebra 30 mg·L^{-1}, pH 5,5; natlenienie 8,1 mg·L^{-1}, T = 298 K.

Uzyskane krzywe kinetyczne mają charakterystyczny przebieg związany ze wzrostem stężenia jonów srebra: strome nachylenie krzywej w początkowym stadium procesu, z następczym spłaszczeniem i zmniejszeniem jego szybkości. Wzrost stężenia jonowej formy srebra może być powodowany dwoma zjawiskami o odmiennym charakterze. Pierwszym z nich jest oksydacyjne roztwarzanie (opisane w p. 1.3.), natomiast drugim desorpcja powierzchniowych jonów Ag^+ [137].

W początkowym stadium procesu obserwuje się liniowy przyrost stężenia srebra jonowego w czasie dla wszystkich badanych suspensji, przy czym nachylenie krzywej jest zależne od rodzaju zaadsorbowanego stabilizatora. Największym nachyleniem charakteryzują się krzywe kinetyczne uzyskane dla suspensji HH, FF oraz GL, najmniejszym zaś dla SBTC. Warto zauważyć, że nie istnieje zauważalna korelacja między szybkością uwalniania jonów srebra w prostoliniowym stadium procesu, a rodzajem (związki organiczne lub nieorganiczne) zaadsorbowanego stabilizatora.stabilizowane związkami organicznymi nanocząstki GL ulegają roztworzeniu z podobną szybkością jak HH i FF (stabilizowane za pomocą prostych jonów nieorganicznych). Natomiast, uwalnianie srebra jonowego w przypadku nanocząstek GL zachodzi znacznie (ok. trzykrotnie) szybciej niż w przypadku stabilizowanych również związkami organicznymi nanocząstek SBTC i TA.

Zauważalne są ponadto różnice w czasie, po jakim osiągnięte zostaje końcowe stężenie srebra jonowego. Przykładowo, dla suspensji SBTC czas ten wynosi około 2700 minut, natomiast dla GL jest ponad dwukrotnie większy (ok. 5500 minut). Dla nanocząstek TA krzywa kinetyczna nie ulega zauważalnemu spłaszczeniu nawet po upływie 7 dni (ok. 10000 minut).

Jak można zaobserwować, końcowe stężenie uwolnionych jonów Ag+ jest silnie uzależnione od właściwości powierzchniowych (rodzaju zaadsorbowanego stabilizatora) nanocząstek. W zadanych warunkach, najmniejsze stężenie jonów srebra po czasie 15000 minut obserwowane jest dla stabilizowanych jonami cytrynianowymi nanocząstek SBTC (0,60 $mg{\cdot}L^{-1}$), największe zaś w przypadku nanocząstek TA (2,43 $mg{\cdot}L^{-1}$). Ze wszystkich badanych najbardziej stabilną okazała się być suspensja SBTC. Jako przyczynę niestabilności należy rozumieć w tym miejscu nie tylko procesy agregacji nanocząstek, lecz również ich reaktywność w procesie oksydacyjnego roztwarzania. Niska (w porównaniu do pozostałych) reaktywność nanocząstek SBCT może być wynikiem mechanizmu stabilizacji za pomocą jonów cytrynianowych. Wolna grupa karboksylowa zdolna jest do koordynacji jonu srebra znajdującego się w roztworze (ośrodku dyspersyjnym), co prowadzi do „zatrzymywania" jonowej formy srebra. Innym, tłumaczeniem tego zjawiska jest zdolność jonów cytrynianowych do redukcji powstałej warstewki tlenku srebra i zmniejszanie tym samym reaktywności nanocząstek w procesie oksydacyjnego roztwarzania. Nanocząstki TA mimo okazały się być najbardziej reaktywne i w związku z tym należy odrzucić wysuniętą w p. 3.2.1. hipotezę o wyjątkowo dobrej stabilności tego rodzaju nanocząstek.

Warto również zauważyć brak korelacji między szybkością oksydacyjnego roztwarzania w początkowym stadium procesu, a końcowym stężeniem jonów srebra. Krzywe kinetyczne uzyskane dla suspensji SBTC i TA charakteryzują się podobnym nachyleniem prostoliniowej części wykresu, jednakże końcowe stężenia jonów Ag^+ różnią się znacząco (ok. 0,5 $mg \cdot L^{-1}$ dla SBTC oraz pięciokrotnie więcej dla TA). Analogicznie, korelacji nie obserwuje się w przypadku suspensji FF oraz GL. Jedynie nanocząstki HH oraz GL charakteryzują się zbliżonym profilem uwalniania srebra jonowego, nawet mimo różnic w strukturze stabilizatora (proste jony nieorganiczne w przypadku suspensji HH oraz związki organiczne dla GL).

W każdym z badanych przypadków, nanocząstki nie uległy całkowitemu roztworzeniu, co zgodne jest z wcześniejszymi obserwacjami dokonanymi między innymi przez Zhanga [115] i Kitlera [120].

Próba korelacji względnych reaktywności badanych nanocząstek z ich właściwościami elektrokinetycznymi nie przynosi zadowalających rezultatów – na podstawie wartości potencjału zeta można by spodziewać się, że nanocząstki TA będą najmniej reaktywne (wykazały najbardziej ujemną wartość ζ) a w toku przeprowadzonych badań okazały się uwalniać jony srebra z największą szybkością. Nie zaobserwowano również korelacji odwrotnej – nanocząstki SBTC są najmniej reaktywne wobec tlenu, pomimo że wartość potencjału zeta wskazuje na to, że bardziej stabilne są układy FF i TA.

Dla wybranych suspensji (tj. SBTC, HH oraz TA) przeprowadzono pomiary uwalniania jonów srebra w pH nieregulowanym. Dla porównania, uzyskane dane doświadczalne zestawiono wraz z krzywymi otrzymanymi w pH 3,5 (Rys. 18-20).

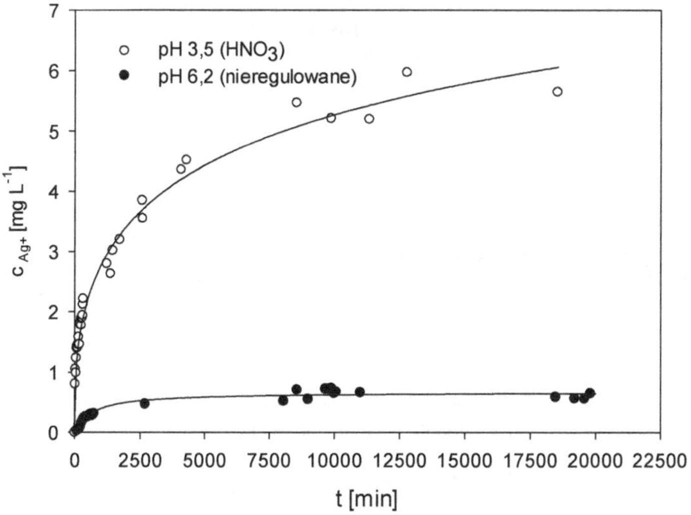

Rys. 18. Kinetyka uwalniania jonów srebra z powierzchni nanocząstek SBTC o średnicy 12 nm. Stężenie suspensji srebra 30 mg·L^{-1}, pH 3,5 oraz 6,2; I = 3,3·10^{-3} M HNO_3; natlenienie 8,2 mg·L^{-1}, T = 298 K.

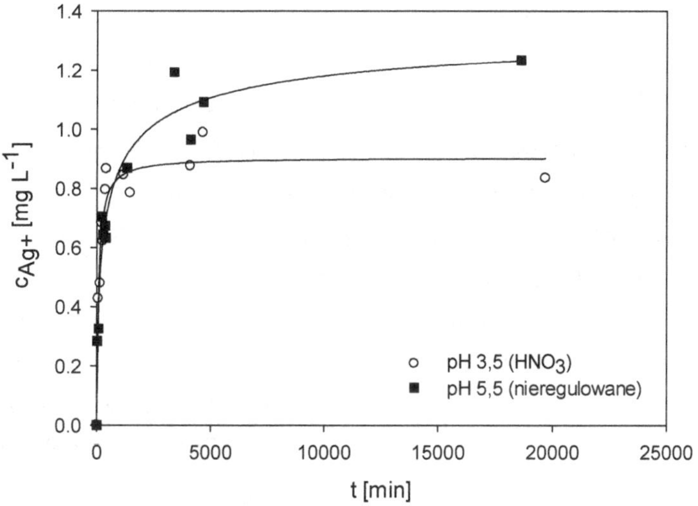

Rys. 19. Kinetyka uwalniania jonów srebra z powierzchni nanocząstek HH o średnicy 11 nm. Stężenie suspensji srebra 30 mg·L^{-1}, pH 3,5 oraz 5,5; I = 3,3·10^{-3} M HNO_3; natlenienie 8,2 mg·L^{-1}, T = 298 K.

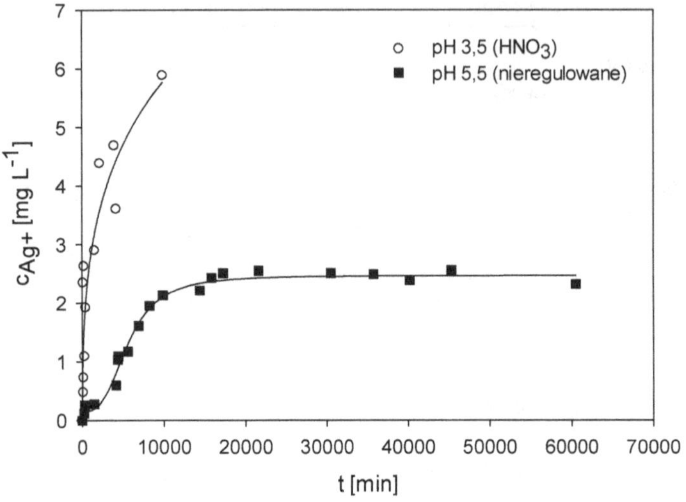

Rys. 20. Kinetyka uwalniania jonów srebra z powierzchni nanocząstek TA o średnicy 15 nm. Stężenie suspensji srebra 30 mg·L^{-1}, pH 3,5 oraz 5,5; I = 3,3·10^{-3} M HNO_3 natlenienie 8,2 mg·L^{-1}, T = 298 K.

Analiza danych doświadczalnych zawartych na Rys. 18-20 pozwala wyciągnąć wniosek, że wartość pH ośrodka dyspersyjnego wywiera istotny wpływ na proces uwalniania srebra jonowego. Jak można zaobserwować (dla nanocząstek SBTC i TA – Rys. 18 i 19), wraz ze wzrostem stężenia jonów wodorowych zwiększeniu ulega zarówno końcowe stężenie jonów srebra jak i nachylenie krzywej w początkowym stadium procesu, a więc i szybkość uwalniania jonów z powierzchni nanocząstek. Jest to zgodne z obserwacjami Liu [112], Peretyazhko [114] oraz Pennella [116] (p. 1.3.4.1.). Ilościowy wpływ pH na przebieg procesu uwalniania jonów srebra jest różny dla suspensji TA i SBTC. W przypadku nanocząstek SBTC zmniejszenie wartości pH do 3,5 powoduje około dwunastokrotny wzrost równowagowego stężenia jonów srebra (względem stężenia oznaczonego w pH 5,5), podczas gdy dla suspensji TA ten wpływ jest znacznie mniejszy (ok. trzykrotny).

Odmienny wpływ pH na wartość końcowego stężenia jonów srebra obserwuje się w przypadku nanocząstek HH – w tym zwiększenie stężenia jonów wodorowych powoduje zahamowanie uwalniania jonów srebra z powierzchni nanocząstek. Nie zostało to dotychczas opisane w literaturze.

W celu dalszego zbadania wpływu parametrów na proces oksydacyjnego roztwarzania, przeprowadzono pomiary stężenia uwolnionych jonów srebra z powierzchni nanocząstek SBTC w warunkach kontrolowanej temperatury. Wyniki pomiarów doświadczalnych prowadzonych w trzech wybranych temperaturach tj. 4, 25 oraz 37°C przedstawiono na Rys. 21.

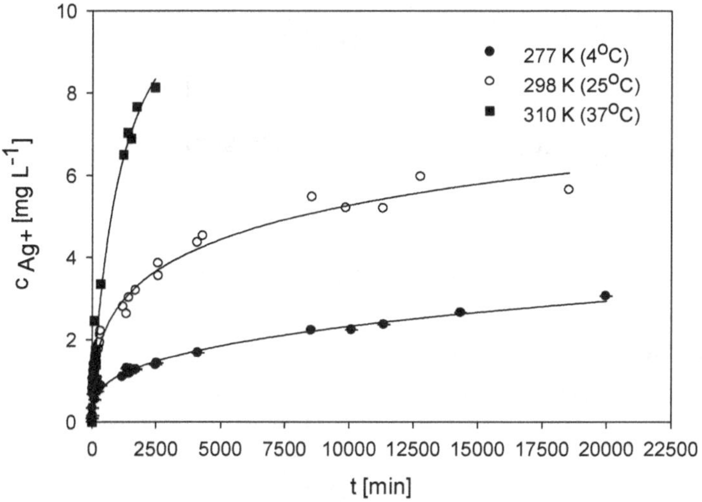

Rys. 21. Kinetyka uwalniania jonów srebra z powierzchni nanocząstek SBTC o średnicy 12 nm. Stężenie suspensji srebra 30 mg·L^{-1}, pH 5,5; natlenienie 8,2 mg·L^{-1}, T = 277 K, T = 298 K i T = 310 K.

Dla porównania wpływu właściwości powierzchniowych na przebieg oksydacyjnego roztwarzania nanocząstek w różnych temperaturach, dla suspensji TA zbadano zmiany stężenia uwolnionych jonów srebra w czasie dla dwóch różnych wartości temperatur tj. 298 oraz 277 K (Rys. 22). Wybór temperatur prowadzenia oznaczeń jest nieprzypadkowy - 298 K stanowi niejako punkt odniesienia i większość dostępnych danych literaturowych uzyskana była właśnie w tej temperaturze.

Natomiast badanie procesu oksydacyjnego w warunkach obniżonej temperatury (277 K) może dostarczyć użytecznych informacji na temat reaktywności nanocząstek w ekosystemach wodnych.

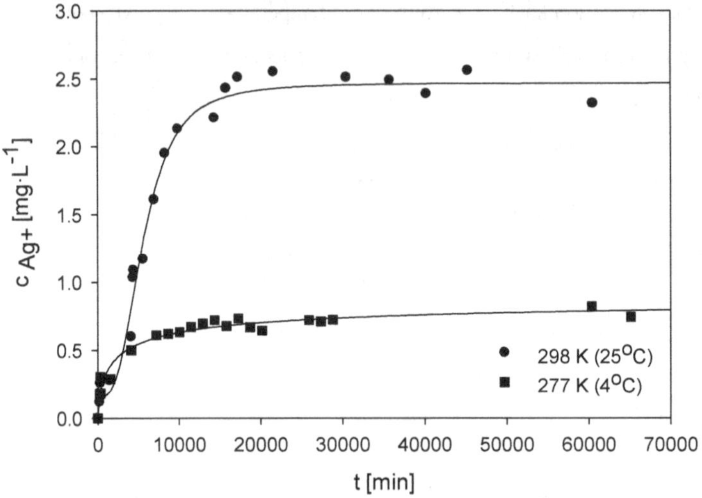

Rys. 22. Kinetyka uwalniania jonów srebra z powierzchni nanocząstek TA o średnicy 12 nm. Stężenie suspensji srebra 30; 10 oraz 5 $mg \cdot L^{-1}$, pH 3,5; natlenienie 8,2 $mg \cdot L^{-1}$, T = 277 K oraz T = 298 K.

Na podstawie danych z Rys. 21 i 22 należy wnioskować, że obniżenie temperatury powoduje zahamowanie procesu uwalniania srebra jonowego. Analogiczne obserwacje zostały szeroko opisane w literaturze (1.3.4.3.). Warto jednak zauważyć, że zmiana stężenia równowagowego uwolnionych jonów srebra wraz obniżeniem temperatury z 298 do 277 K jest różna dla nanocząstek stabilizowanych odmiennymi substancjami.

W przypadku nanocząstek SBTC obserwuje się trzykrotne natomiast dla TA około pięciokrotne zmniejszenie równowagowego stężenia jonów srebra. Analizując Rys. 21 i 22 można również zaobserwować, że nanocząstki SBTC wykazują mniejszą reaktywność w porównaniu z nanocząstkami TA w temperaturach 277 i 298 K.

Doświadczenie przeprowadzone przez Liu [112], również wskazuje na to, że zwiększenie temperatury z 4 do 37°C powoduje trzykrotny wzrost stężenia uwolnionych jonów srebra.

Kontynuując badania nad kinetyką uwalniania jonów srebra z powierzchni nanocząstek SBTC przeprowadzono pomiary dla różnych wartości stężeń początkowych suspensji tj. 5; 10 oraz 30 mg·L^{-1}. Uzyskane w ten sposób krzywe kinetyczne przedstawia Rys. 23.

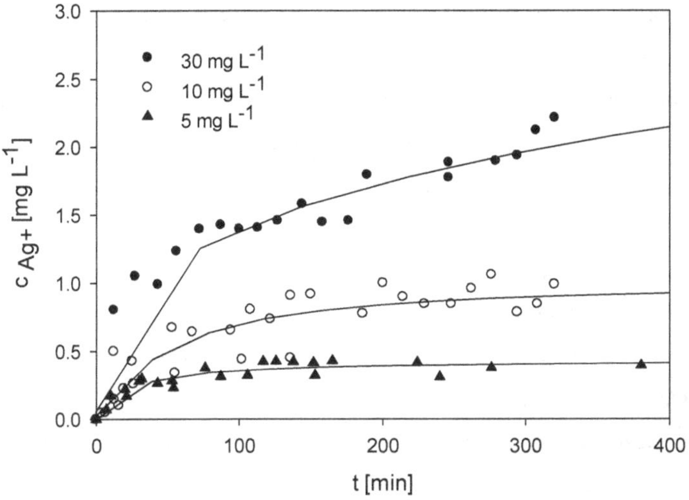

Rys. 23. Kinetyka uwalniania jonów srebra z powierzchni nanocząstek SBTC o średnicy 12 nm. Stężenie suspensji srebra 30; 10 oraz 5 mg·L^{-1}, pH 5,5; natlenienie 8,2 mg·L^{-1}, T = 298 K.

Jak można zauważyć, zarówno końcowe stężenie jonów srebra jak i szybkość ich uwalniania w początkowym stadium procesu są silnie uzależnione od początkowego stężenia nanocząstek. Analogiczne wnioski na temat wpływu stężenia koloidalnej formy srebra na przebieg procesu uwalania jonów z nanocząstek srebra stabilizowanych jonami cytrynianowymi są przedstawiane w literaturze [112,120]. Prowadzone przez Liu [112] badania w zbliżonych warunkach (pH 5,68; natlenienie

8,2 mg·L^{-1}) na stabilizowanych jonami cytrynianowymi nanocząstkach o średnicy 4,8 nm wykazały analogiczne zależności między stężeniem końcowym jonów srebra a stężeniem suspensji. W odróżnieniu od rezultatów przedstawionych w niniejszej pracy, w przytoczonych badaniach początkowa szybkość uwalniania jonów była zbliżona dla wszystkich testowanych stężeń. Jednakże należy mieć na uwadze to, że badaniu zostały poddane suspensje o znacznie niższych (maksymalnie 2 mg·L^{-1}) stężeniach.

Podsumowując, w toku przeprowadzonych doświadczeń wykazano, że przebieg procesu oksydacyjnego roztwarzania nanocząstek srebra o średnicy ok. 10 nm zależny jest zarówno od rodzaju zaadsorbowanego stabilizatora jak i innych parametrów układu (pH, temperatura, stężenie srebra koloidalnego). W toku trwającego 14 dni eksperymentu wykazano, że niezależnie od właściwości powierzchniowych, w zadanych warunkach pH, temperatury, siły jonowej i natlenienia suspensji badane nanocząstki nie uległy całkowitemu roztworzeniu. Spośród badanych nanocząstek, najmniejszą reaktywnością cechowały się stabilizowane jonami cytrynianowymi nanocząstki SBTC. Po upływie wskazanego czasu, stężenie uwolnionych jonów srebra z powierzchni nanocząstek SBTC było czterokrotnie mniejsze (dla pH 3,5; T = 298 K oraz natlenieniu suspensji 8,1 mg·L^{-1}) w porównaniu do stężenia srebra jonowego uwolnionego z powierzchni najmniej stabilnych, nanocząstek TA.

Na podstawie wykonanych badań nie wykazano korelacji między wartością potencjału zeta a reaktywnością badanych nanocząstek w procesie oksydacyjnego roztwarzania.

5. Podsumowanie i wnioski

W pracy przedstawiono wyniki badań nad kinetyką uwalniania jonów srebra z powierzchni nanocząstek o kontrolowanych właściwościach powierzchniowych.

W celu ilościowego opisu kinetyki oksydacyjnego roztwarzania nanocząstek srebra, w pierwszym etapie badań przeprowadzono optymalizację metodyki syntez pięciu suspensji nanocząstek srebra metodą redukcji chemicznej. Następnie przeprowadzono syntezę pięciu suspensji nanocząstek srebra o średnim rozmiarze wynoszącym ok. 10 nm. W kolejnym etapie badań otrzymane suspensje poddano oczyszczaniu stosując proces ultrafiltracji membranowej, co umożliwiło ich dokładną charakterystykę fizykochemiczną obejmującą pomiary średnicy hydrodynamicznej, wyznaczenie potencjału elektrokinetycznego ζ oraz określenie kształtu i rozkładu wielkości cząstek. Następnie, stosując jako materiał do dalszych badań tak zdefiniowane nanocząstki, zbadano proces uwalniania jonów srebra w warunkach kontrolowanej temperatury, pH, siły jonowej i stężenia tlenu rozpuszczonego. Dla suspensji stabilizowanej jonami cytrynianowymi pomiary przeprowadzono w trzech temperaturach tj.: 4°C, 25 °C oraz 37 °C.

W celu określenia czy badane nanocząstki były stabilne w trakcie zachodzenia procesu uwalniania srebra jonowego, w miarę upływu czasu wyznaczano ich średnicę hydrodynamiczną i potencjał ζ oraz rejestrowano widma UV-Vis, które zanalizowano pod kątem przydatności tej techniki w odniesieniu do oznaczania srebra koloidalnego.

Uzyskane w ten sposób wyniki doświadczalne potwierdziły, że otrzymane nanocząstki były stabilne w zadanych pH, siły jonowej, temperatury oraz stężenia tlenu rozpuszczonego.

W badaniach dotyczących wpływu właściwości powierzchniowych nanocząstek srebra na przebieg procesu uwalniania jonów zastosowano nanocząstki stabilizowane zarówno za pomocą substancji organicznych (jony cytrynianowe, utlenione formy taniny, utlenione formy glukozy) oraz nieorganicznych (heksametafosforan(V) sodu, hydroksyloamina). Dla nanocząstek o znanym rozkładzie wielkości i właściwościach elektrokinetycznych oznaczano zmiany stężenia srebra jonowego w czasie stosując w tym celu metody AAS i UV-Vis. Przeprowadzone badania dowiodły, że właściwości powierzchniowe nanocząstek srebra (a w szczególności rodzaj zaadsorbowanego stabilizatora) w sposób istotny wpływają na przebieg procesu uwalniania jonów srebra z ich powierzchni.

Jak udało się wykazać, wybór stabilizatora wpływa zarówno na szybkość procesu oksydacyjnego roztwarzania nanocząstek srebra w początkowym jego stadium jak i na wartość końcowego stężenia jonów Ag^{+}. Wykazano również, że mimo podobieństw w nachyleniu krzywych kinetycznych w prostoliniowym stadium procesu, dalszy ich przebieg, a więc także końcowe stężenie jonów srebra może się znacząco różnić dla poszczególnych nanocząstek. Co więcej, udowodniono, że czas, po jakim zostaje osiągnięte końcowe stężenie jonów srebra uzależniony jest od wyboru substancji stabilizującej.

Podsumowując uzyskane w wyniku przeprowadzonych doświadczeń wyniki badań należy podkreślić, że rodzaj zaadsorbowanego stabilizatora jest ważną właściwością nanocząstek srebra, wpływającą nie tylko na ich stabilność, ale przede wszystkim na reaktywność w procesie oksydacyjnego roztwarzania. Przeprowadzone badania kinetyki procesu oksydacyjnego roztwarzania wykazały, że zarówno czynniki wewnętrzne (temperatura i pH) jak i właściwości powierzchniowe oraz stężenie suspensji wpływają znacznie na szybkość uwalniania jonów srebra. Stwarza to możliwość pełnej kontroli procesu uwalniania, przez dobór jedynie właściwości powierzchniowych przy niezmienionych warunkach zewnętrznych, co może być szczególnie użyteczne w układach, w których kontrola temperatury czy też pH jest niemożliwa.

6. Literatura cytowana

[1] *Nanonauka i nanotechnologia – Narodowa strategia dla Polski,* Raport Ministerstwa Nauki i Szkolnictwa Wyższego, Warszawa 2006.

[2] Zalecienie Komisji Europejskiej z dnia 18 października 2011 r. dotyczące definicji nanomateriału.

[3] R. Cheng, W. Huang, L. Huang, B. Yang, L. Mao, K. Jin, Q. ZhuGe, Y. Zhao, *ACS Nano,* 2014, 8, 7746–7754

[4] S. Brown, P. Nativo, J.Smith, D. Stirling, P. Edwards, B. Venugopal, D.Flint, J. Plumb, D. Graham, N. Wheate, *J. Am. Chem. Soc.* 2010, 132, 4678–4684.

[5] B. Nowack, H. Krug, M. Height, *Environ. Sci. Technol.*, 2011, 45, 1177–1183.

[6] G. A. Kahrilas, L. M. Wally, S. J. Fredrick, M. Hiskey, A. L. Prieto, J. E. Owens, *ACS Sustain. Chem. Eng.*, 2014, 2, 367–376.

[7] J. Xie, J. Y. Lee, D. I. C. Wang,Y. Peng Ting, *ACS Nano*, 2007, 1, 429–439.

[8] S. V. Otari, R. M. Patil, N. H. Nadaf, S. J. Ghosh, S. H. Pawar, *Environ. Sci. Pollut. Res.* 2014, 21, 1503–1513.

[9] F. Mafuné, J. Kohno, Y. Takeda, T. Kondow, H. Sawabe, *J. Phys. Chem. B*, 2000, 104, 9111-9117.

[10] V. Amendola, S. Polizzi, M. Meneghetti, *Langmuir,* 2007, 23, 6766-6770.

[11] T. Tsuji, K. Iryo, N. Watanabe, M. Tsuji. *Appl. Surf. Sci.,* 2002, 202, 80–85.

[12] A. Hahn, S. Barcikowski, B. Chichkov, *J. Laser Micro. Nanoen.*, 2008, 3, 73-77.

[13] L. Sherry, R. Jin, Ch. Mirkin, G.Schatz, R. Van Duyne, *Nano Lett.,* 2006, 6, 2060-2065.

[14] C. Lo, T. Tsung, H. Lin, *J. Alloys Compd.,* 2007, 434, 659–662.

[15] S. Yeo, W. Kurnia, P. Tan, *J. Mater. Process. Technol.,* 2008, 203, 241-251.

[16] A. Ashkarran, *Curr. Appl. Phys.*, 2010, 10, 1442-1447.

[17] D. Tien, K.Tseng, C.Liao, J. Huang, T.Tsung. *J. Alloys Compd.*, 2008, 463, 408–411.

[18] D. Tanis, *J. Chem. Educ.*, 1990, 67, 602-604.

[19] M. Oćwieja, Z. Adamczyk, M. Morga, K. Kubiak, *Adv. Colloid Interface Sci.*, 2015, 222, 530-563.

[20] V. Starov (ed.), *Nanoscience. Colloidal and Interfacial Aspects*, CRC Press, 2010

[21] T. M. Tolaymat, A. M. El Badawy, A. Genaidy, K. G. Scheckel, T. P. Luxton, M. Suidan, *Sci.Total Environ.*, 2010, 408, 999–1006.

[22] W. Haynes, *CRC Hanbook of Chemistry and Physics*, CRC Press, 2014.

[23] L. Guo, J. Nie, B. Du, Z. Peng, B. Tesche, K. Kleinermanns, *J. Colloid Interface Sci.*, 2008, 319, 175–181.

[24] J. Zhong-Jie, *J. Phys. Chem. B,* 2005, 109, 1730-1735.

[25] K. Mavani, M. Shah, *Int. J. Eng. Res. Techn.*, 2013, 2, 1-5.

[26] D. Van Hyning, C. Zukoski, *Langmuir* 1998, 14, 7034-7046.

[27] M. Oliveira, *J. Colloid. Interface Sci*. 2005, 292, 429-435.

[28] M. Brust, C. Kiely, *Colloid.s Surf. A: Phys. Eng. Aspects*, 2002, 202, 175-186.

[29] X. Dong, X. Ji, J. Jing, M. Li, J. Li, W. Yang, *J. Phys. Chem. C,* 2010, 114, 2070–2074.

[30] A. Lo´pez-Miranda, G. Viramontes-Gamboa, A. Lopez-Valdivieso, *J. Nanopart. Res.,* 2014, 16, 2244-2256.

[31] Z. Pillai, P. Kamat, *J. Phys. Chem. B*, 2004, 108, 945-951.

[32] P. Lee, D. Meisel, *J. Phys. Chem*. 1982, 86, 3391–3395.

[33] B. Pietrobon, M. McEachran, V. Kitaev, *ACS Nano*, 2009, 3, 21-26.

[34] U. Nickel, A. zu Castell, K. Pöppl, S Schneider, *Langmuir,* 2000, 16, 9087-9091.

[35] J. Nia, *Preparation of Colloidal Nanosilver*, US 0013825 A1, 2009.

[36] K. Szczepanowicz, J. Stefańska, R. Socha, P. Warszyński, *Physicochem. Probl. Miner. Process*, 2010, 45, 85-98.

[37] W. Song, H. Jia, Q. Cong, B. Zhao, *J. Colloid Interface Sci.*, 2007, 311, 456-460.

[38] N. Leopold, B. Lendl, *J. Phys. Chem. B*, 2003, 107, 5723–5727.

[39] A.Garcia-Leis, Jose V. Garcia-Ramos, S. Sanchez-Cortes. *J. Phys. Chem*. C, 2013, 117, 7791−7795.

[40] F. Cataldo, O. Ursini, G. Angelini, *Eur. Chem. Bull.*, 2013, 2, 700-705.

[41] X. Tian, J. Li, S. Pan, *J. Nanopart. Res.,* 2009, 11, 1839–1844.

[42] T. Dadosh, *Mater. Lett.,* 2009, 63, 2236–2238.

[43] H. Behar-Levy, G. Shter, G.Grader, D. Avnir, *Chem. Mater*. 2004, 16, 3197-3202.

[44] Z. Li, Y. Wang, Q. Yu *Journal of Materials Engineering and Performance,* 2010 19, 252–256.

[45] K. Shameli, M. Ahmad, S. Jazayeri, S. Sedaghat, P. Shabanzadeh, H. Jahangirian, M. Mahdavi, Y. Abdollahi, *Int. J. Mol. Sci.* 2012, 13, 6639-6650.

[46] A. Panacek, L. Kvitek, R. Prucek, M. Kolar, R. Vecerova, N. Pizurova, V. K. Sharma, T. Nevecna, R. Zboril, *J. Phys. Chem. B*, 2006, 110, 16248-16253.

[47] R. Schasfoort, A. Tudos, *Handbook of Surface Plasmon Resonance*, 2008, RSC Publishing.

[48] S. Guoli, S. Wentao, M. Zhanfang, *Colloids Surf. A,* 2011, 380 257–260

[49] R. Van Duyne, A. McFarland, *Nano Lett.,* 2003, 3, 1057–1062.

[50] *Ullmann's Encyclopedia of Industrial Chemistry,* 2005, Wiley.

[51] K.Moon, H. Dong, R. Maric, S. Pothukuchi, A. Hunt, Y. Li, C.Wong, *J. Electron. Mater.*, 2005, 24, 168-175.

[52] P. Warrier, A. Teja, *Nanoscale Res. Lett.*, 2011, 6, 247-252.

[53] C. Marambio-Jones, E. Hoek, *J. Nanopart. Res*. 2010, 12, 1531-1551.

[54] R. Pearson, *J. Am. Chem. Soc*. 1963, 85, 3533-3539.

[55] H. Park, J. Kim, J. Kim, J.Lee, J.Hahn, M. Gu, J. Yoon., *Water Res*. 2009, 43, 1027-1032.

[56] O. Gordon, T. Slenters, P. Brunetto, A. Villaruz, D. Sturdevant, M. Otto, R. Landmann, K. Fromm, *Antimicrob. Agents Chemother*. 2010, 54, 4208-4218.

[57] O. Choi, Z. Hu, *Environ. Sci. Technol*. 2008, 42, 4583− 4588.

[58] E. Navarro, F. Piccapietra, B. Wagner, F. Marconi, R. Kaegi, N. Odzak, L. Sigg, R. Behra, *Environ. Sci. Technol.* 2008, 42, 8959−8964.

[59] L. Yin, Y. Cheng, B. Espinasse, B. Colman, M. Auffan, M. Wiesner, J. Rose, J. Liu, E. Bernhardt, *Environ. Sci. Technol.* 2011, 45, 2360−2367.

[60] G. Laban, L. Nies, R. Turco, J. Bickham, M. Sepúlveda, *Ecotoxicology,* 2010, 19, 185−195.

[61] S. Pal, K. Tak, J. Song, *Appl. Environ. Microbiol.* 2007, *73*, 1712-1720.

[62] G. Sotiriou, S. Pratsinis, *Environ. Sci. Technol.* 2010, 44, 5649–5654.

[63] A. El Badawy, R. Silva, B. Morris, K. Scheckel, M. Suidan, T. Tolaymat, *Environ. Sci. Technol.* 2011, 45, 283-287.

[64] X. Yang, A. Gondikas, S.Marinakos, M. Auffan, J. Liu, H. Hsu-Kim, J. Meyer, *Environ. Sci. Technol.* 2012, 46, 1119–1127.

[65] K. Kawata, M. Osawa, S. Okaze, *Environ. Sci. Technol.* 2009, 43, 6046–6051.

[66] Z. Xiu, Q. Zhang, H. Puppala, V. Colvin, P. Alvarez., *Nano Lett.*, 2012, 12, 4271-4275.

[67] A. Elbadawy, R. Silva, B. Morris, K. Scheckel, M. Suidan, T. Tolaymat, *Environ. Sci. Technol.* 2011, 45, 283–287.

[68] A. van der Wal, *J. Colloids Surf.,B,* 1997, 9, 81-100.

[69] F. Mirzajani, A. Ghassempour, A. Aliahmadi, M. Esmaeili, *Res. Microbiol.,* 2011, 162, 542-549.

[70] W.Li, X. Xie, Q.Shi, H. Zeng, Y. Yang, Y. Chen, *Appl. Microbiol. Biotechnol.* 2010, 85, 1115-1122.

[71] S.Eckhardt, P. Brunetto, J. Gagnon, M. Priebe, B.Giese, K. Fromm, *Chem. Rev.,* 2013, 113, 4708–4754.

[72] Q. Feng, J. Wu, G. Chen, F. Cui, T. Kim, J. Kim, *Biomed. Mater. Res.* 2000, 52, 662-668.

[73] W.Li, X. Xie, Q. Shi, S. Duan, Y.Ouyang, Y.Chen, *Biometals.* 2011, 24, 135-141.

[74] http://www.nanotechproject.org/process/assets/files/7039/silver_database_fauss_sept2_final.pdf

[75] J. Wright, K. Lam, D. Hansen, R. Burrell, *Am. J. Infect. Control* 1999, *27*, 344–350.

[76] H. Cao, X. Liu, F. Meng, *Wiley Interdiscip. Rev. Nanomed. Nanobiotechnol.* 2010, *2*, 670–684.

[77] L. Geranio, M. Heuberger, B. Nowack, *Environ. Sci. Technol.* 2009, *43*, 8113–8118

[78] X. Zeng, Q. Zhang, R.Yu, C. Lu, *Adv. Mater.* 2010, *22*, 4484–4488.

[79] J. Lindon, G. Tranter, D. Koppenaal, *Encyclopedia of Spectroscopy and Spectrometr*, 2010, Wiley

[80] P. Etchegoin, R. Maher, L. Cohen, H. Hartigan, R. Brown, M. Milton, J. Gallop, *Chemical Physics Letters,* 2003, 375, 84-90.

[81] X. Qian, S. Nie, *Chem. Soc. Rev.* 2008, 37, 912-920.

[82] O. Gülseren, F. Ercolessi, E. Tosatti, *Phys.Rev. B*, 1995, 7377-7380.

[83] K. Stamplecoskie, J. Scaiano, *J. Phys. Chem. C*, 2011, 115, 1403–1409

[84] J. Zhang, X. Li, X. Sun, Y. Li, *J. Phys. Chem. B,* 2005, *109*, 12544-12548.

[85] R. Vadakkekara, M. Chakraborty, P. Parikh, *Coll. Surf. A,* 2012, 399, 11–17.

[86] H. Cong, C. Becker, S. Elliott, M. Grinstaff, J. Porco, *J. Am. Chem. Soc.*, 2010, 132, 7514–7518.

[87] K. Shimizu, R. Sato, A.Satsuma., *Angew. Chem. Int. Ed.* , 2009, 48, 3982–3986.

[88] T. Mitsudome, S. Arita, H. Mori, T. Mizugaki, K. Jitsukawa, K.Kaneda, *Angew. Chem. Int. Ed.* 2008, 47, 7938–7940.

[89] A. Chattopadhyay, *Molec. Catal. A,* 2009, 304 , 153–158.

[90] S. Sudrik, N. Chaki, V. Chavan, S. Chavan, H. Sonawane, K. Vijayamohanan, *Chem. Eur. J.* 2006, 12, 859-864.

[91] J. Mielby, R. Poreddy, C. Engelbrekt, S. Kegnes. *Chinese J. Catal.,* 2014, 35, 670–676.

[92] R. Xu, D. Wang, J. Zhang, Y. Li, *Chem. Asian J.,* 2006, 1, 888–893.

[93] A. Panaćek, R. Prucek, J. Hrbać, T. Nevecna, J. Steffkova, R. Zboril, L. Kvítek, Chem. Mater. 2014, 26, 1332−1339.

[94] U. Kreibig, M. Vollmer, *Optical Properties of Metal Clusters,* 1995, Springer,

[95] D. Paramelle, A. Sadovoy, S. Gorelik, P. Free, J. Hobley, D. Fernig, *Analyst*, 2014, 139, 4855-4861.

[96] *Zetasizer Nano Series User Manual*, Malvern, 2003.

[97] *An Introduction to electron microscopy*, 2010, FEI Company.

[98] R. Egerton, *Physical Principles of Electron Microscopy,* 2005, Springer.

[99] G. Binnig, C. Quate, Ch. Gerber, *Phys. Rev. Lett.*, 1986, 56, 930-934.

[100] D. Rugar, H. Mamin, P. Guethner. *Appl. Phys. Lett.*, 1989, 55, 2588–2591.

[101] M. Tortonese, R. Barrett, C. Quate, *Appl. Phys. Lett.*, 1993, 62, 834–837.

[102] G. Haugstad, *Atomic Force Microscopy*, 2012, Wiley.

[103] P. Asharani, Y. Wu, Z Gong, *Nanotechnology* 2008, 19, 1-8.

[104] Metrohm, *Ionenselektive electrode Handbuch,* Herisau, 2013

[105] G. Gauglitz and T. Vo-Dinh (ed.), *Handbook of Spectroscopy*, Wiley, 2003

[106] *Silver in Drinking-water,* Background document for development of WHO Guidelines for Drinking-water Quality, World Health Organization 2003

[107] X. Hou, B. Jones, *Inductively Coupled Plasma/Optical Emission Spectrometry* w *Encyclopedia of Analytical Chemistry,* Wiley, 2000

[108] P. Sarojam, *Analysis of Wastewater for Metals using ICP-OES. Perkin-Elmer Application Note,* 2012

[109] Erwin Ross et al., *Indicator Reagents w Ullmann's Encyclopedia of Industrial Chemistry,* Wiley, 2005

[110] X. Wen, L. Kong, M. Chen, Q. Deng, X. Zhao, J. Guo, *Spectrochimica Acta A*, 2012, 97, 782–787.

[111] M. Béjar, *Anal. Chem.,* 2013, 85, 10013−10016.

[112] J. Liu, A. Hurt, *Environ. Sci. Technol.,* 2010, *44,* 2169–2175.

[113] G. Sotiriou, A. Meyer, J. Knijnenburg, S. Panke, S. Pratsinis, *Langmuir*, 2012, 28, 15929−15936.

[114] T. Peretyazhko, Q. Zhang, V.Colvin, *Environ. Sci. Technol*. 2014, 48, 11954−11961.

[115] W. Zhang, Y. Yao, N. Sullivan, Y. Chen, *Environ. Sci. Technol*., 2011, 45, 4422–4428.

[116] K.Pennell, A. Mittelman, A. Taghavy, Y. Wang, L. Abriola, *J. Nanopart. Res.,* 2013, 15, 1765-1777.

[117] C. Mumper, A. Ostermeyer, L. Semprini, T. Radniecki, *Chemosphere,* 2013, 93, 2493–2498.

[118] W. Luo, W. Hu, S. Xiao, *Phys. Chem*, 2008, 112, 2359–2369

[119] R. Ma, C. Levard, S. Marinakos, Y. Cheng, J. Liu, F. Michel, G. Brown, G. Lowry, *Environ. Sci. Technol*. 2012, 46, 752−759.

[120] S. Kittler C. Greulich, J. Diendorf, M. Koller, M. Epple, *Chem. Mater.,* 2010, 22, 4548–4554.

[121] X. Zhang, E. Hicks, J. Zhao, G. Schatz, R.Van Duyne, *Nano Lett.* 2005, *5*, 1503-1507.

[122] B. Wiley, T. Herricks, Y. Sun, Y. Xia, *Nano Lett*, 2004, 4, 1733-1739.

[123] B. Chambers, A. Nabiul Afrooz, S. Bae, N. Aich, L. Katz, N. Saleh, M. Jo Kirisits, *Environ. Sci. Technol.* 2014, 48, 761−769.

[124] A. Henglein, P. Mulvaney, *Faraday Discuss.* 1991, *92*, 31-44.

[125] C. Levard, B.Reinsch, F. Michel, C. Oumahi, G. Lowry, G. Brown, *Environ. Sci. Technol.* 2011, *45*, 5260-5266.

[126] J. Liu, D. Sonshine, S. Shervani, R. Hurt, *ACS Nano,* 2010, 4, 6903–6913.

[127] C. Ho, S. Yau, C. Lok, M. So, C. Che, *Chem. Asian J.* 2010, *5*, 285-293.

[128] C. Levard, *Environ. Sci. Technol.*, 2013, 47, 5738−5745.

[129] K. Huynh, K. Chen, *Environ. Sci. Technol.* 2011, 45, 5564− 5571.

[130] R. Kent, P. Vikesland, *Environ. Sci. Technol.*, 2012, 46, 6977−6984.

[131] X. Li, J. Lenhart, H. Walker, *Langmuir*, 2012, *28*, 1095–1104.

[132] J. Liu, Z. Wang, F. Liu, A. Kane, R. Hurt, *ACS Nano*, 2012, 6, 9887–9899.

[133] D. Pletcher, F. Walsh, *Industrial Electrochemistry*, 1993, Springer

[134] M. Oćwieja, Z. Adamczyk, M. Morga, A. Michna, *J. Colloid Interface Sci,* 2011, 364, 39-48.

[135] A. Badawy, T. Luxton, R. Silva, M. Suidan, T. Tolaymat, *Environ. Sci. Technol.* 2010, 44, 1260–1266.

[136] J. Zook, S. Long, D. Cleveland, C. Geronimo, R. Mac Cuspie, *Anal. Bional. Chem.,* 2011, 401, 1993-2002.

[137] J. Dobias, R. Bernier-Latmani, *Environ. Sci. Technol.* 2013, 47, 4140−4146

More Books!

yes I want morebooks!

Kaufen Sie Ihre Bücher schnell und unkompliziert online – auf einer der am schnellsten wachsenden Buchhandelsplattformen weltweit!
Dank Print-On-Demand umwelt- und ressourcenschonend produziert.

Bücher schneller online kaufen

www.morebooks.de

Kupuj książki online szybko i bezpośrednio – w jednej z najszybciej rozwijających się księgarni w Internecie! Stosujemy przyjazną dla środowiska metodę druku na żądanie (Print-on-Demand).

Kupuj książki online na

www.morebooks.de

OmniScriptum Marketing DEU GmbH
Heinrich-Böcking-Str. 6-8
D - 66121 Saarbrücken
Telefax: +49 681 93 81 567-9

info@omniscriptum.com
www.omniscriptum.com

OMNIScriptum

FSC
www.fsc.org
MIX
Papier | Fördert
gute Waldnutzung
FSC® C083411

Kolibri 360 GmbH
Ferdinand-Jühlke-Straße 7
99095 Erfurt, Deutschland
produktsicherheit@kolibri360.de

Druck:
CPI Druckdienstleistungen GmbH
im Auftrag der
Kolibri 360 GmbH
Ferdinand-Jühlke-Str. 7
99095 Erfurt